典藏版

蕾丝大全集 143 款

日本E&G创意　编著
项晓笈　译

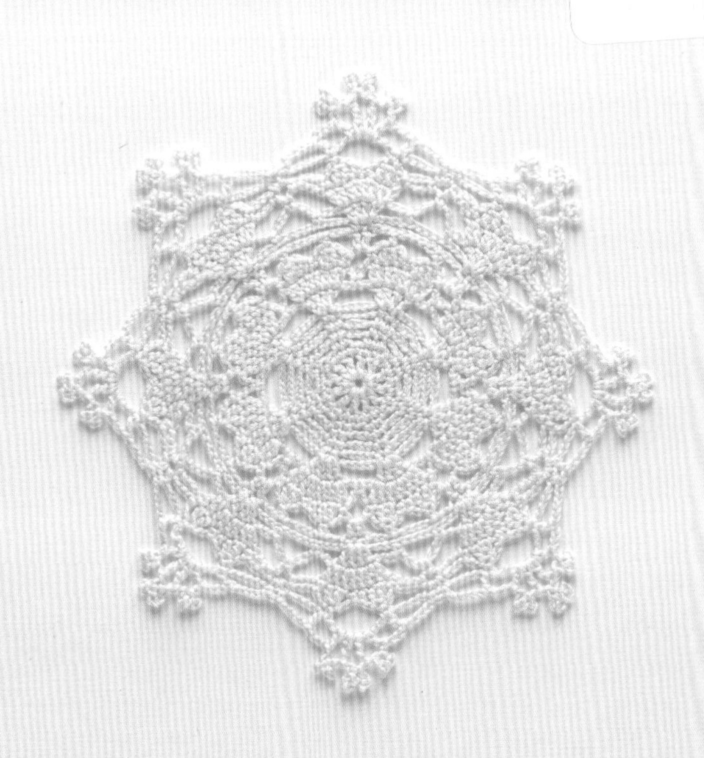

河南科学技术出版社
·郑州·

目录

1 10cm

2 10cm

3 20cm

钩织方法► p.139 设计/制作 河合真弓

作者的话

用一根细线和一支蕾丝钩针，便可以钩织完成漂亮的蕾丝。

一针一针，直到出现一点一点的花样，

从一点一点的花样，再到作品的完成。

那些图案，有时是纤柔美丽的花，有时是可爱的动物、植物，有时是晶莹剔透的雪——钩针蕾丝的世界包罗万象。

作品所呈现的暗花花纹，既有迷人的虚渺感，也蕴藏着极强的生命力，会让人感受到不同的美。

用自己双手钩织的蕾丝作品，每一片都包含着故事，

是这个世界上独一无二的宝贝，格外值得珍爱。

钩织蕾丝的过程，是心与自然交流的过程，适意舒畅；

是忙碌的一天中，真正平静安逸的时刻。

让钩针蕾丝给日常的生活增添一抹色彩吧！

让我们一起来享受如此美好的时光吧！

Basic Lesson 蕾丝钩织基础

白色蕾丝线的取用方法

把线团放入塑料袋中，防止弄脏。袋口松松地扎上橡皮筋固定。另外也要注意手和钩针都要保持干净。

加线方法

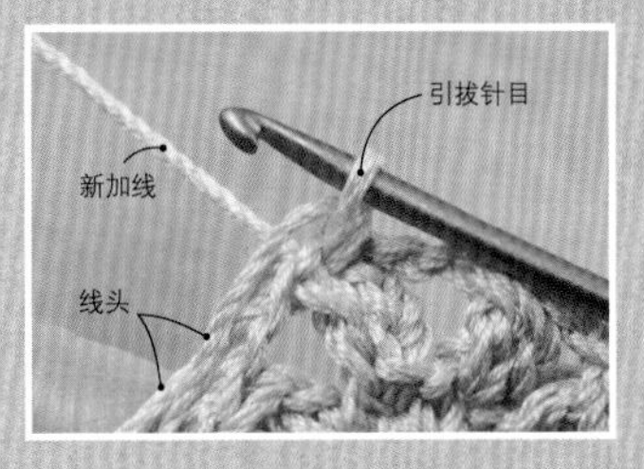

1 钩针插入针目，挂线引拔。把之前钩织的线尾和新加的线头夹在新加线和引拔针目之间。

2 再一次挂线引拔，完成加线。

处理线头

[包线钩织]

1 在钩织短针或长针时，可以包住线头进行钩织。

2 钩织10针左右，将线头拉向背面，继续正常钩织。

3 用剪刀剪去多余的线。线头较长时可以提前剪短，线头较短时需要完成钩织后再剪。

[穿线]

不能通过包线钩织的情况下，用毛线缝针穿上线头，从背面穿进织物中间2~3cm。在有配色线时，需要穿进同色的织物中藏好线头。

毛线缝针穿线方法

线材难以穿进毛线缝针的时候，可以先把手缝线做成线环并穿进毛线缝针，将线材穿入手缝线的线环中再拉出。

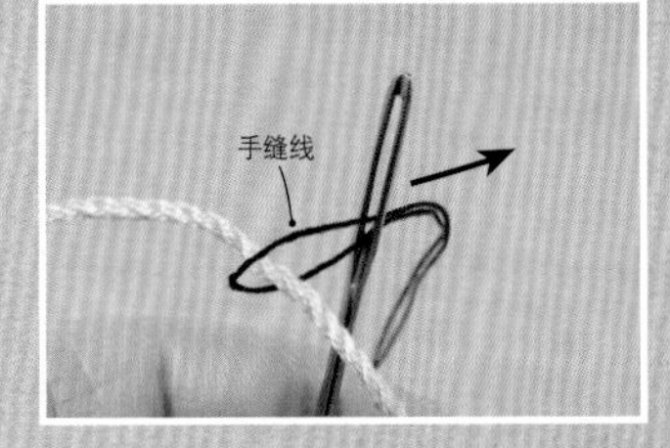

用穿线器也很方便。将穿线器的金属丝部分穿进毛线缝针的针鼻儿，把线材穿入金属丝中间再拉出。

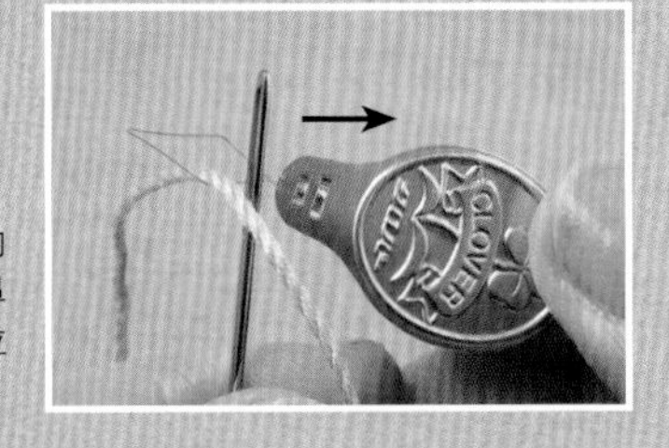

编织终点后处理线尾

[最后一针锁针连接]

1 线尾留出10cm左右，剪去多余部分。从最后一针针目中拉出线尾，穿上毛线缝针。毛线缝针从后方穿进第2针针目的辫子。

2 毛线缝针再从前方穿回原来的针目，把线尾拉到背面。

3 调整针目大小，和左右针目的大小一致。再参考本页中“处理线头[穿线]”的方法，把线尾穿进织物中。整齐漂亮地完成作品。

[从第1针引拔]

这种情况会产生小的结头。可以在织物中不显眼的地方采用这种方法。右下的图是线尾从背面穿进织物、处理完成后的样子。

使用熨斗的方法

1 在方格纸或制图纸上画出作品的完成尺寸，放置在熨烫板上，上方再铺上透明薄纸（保护作品不会被铅笔、圆珠笔等画出的线迹弄脏），再在四个角别上耐热珠针固定。

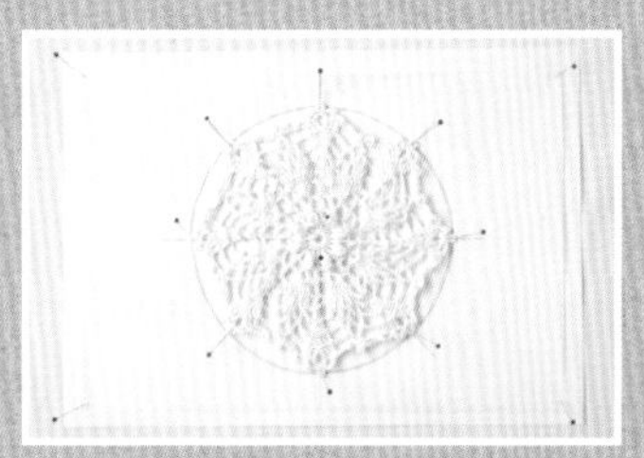

2 上方放置织物，在中心和主要位置别上珠针固定。外侧的珠针朝向中心，倾斜着固定。

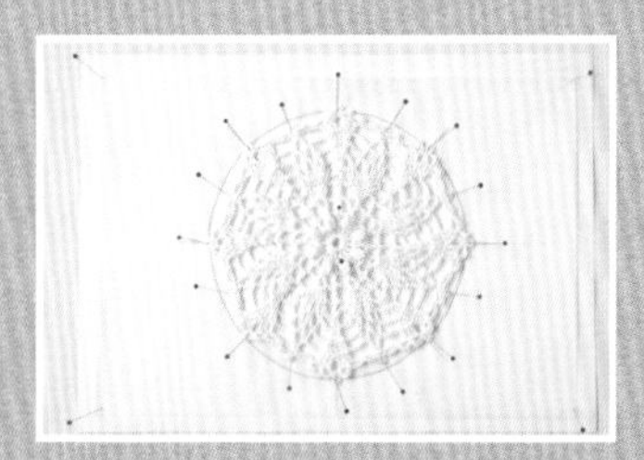

3 在细节部分也固定好珠针，整理织物形状。

4 使用蒸汽熨斗，均匀地用蒸汽熨烫织物。注意，熨斗底部不要碰到织物。熨烫完成后暂时保持织物不要移动。等待完全干燥后再拆除珠针。整理成品形状时可以从织物背面使用定型喷雾剂定型。

作品钩织要点：47 成品图➡p.44 图解p.47

第11行，3针锁针的狗牙拉针的钩织方法

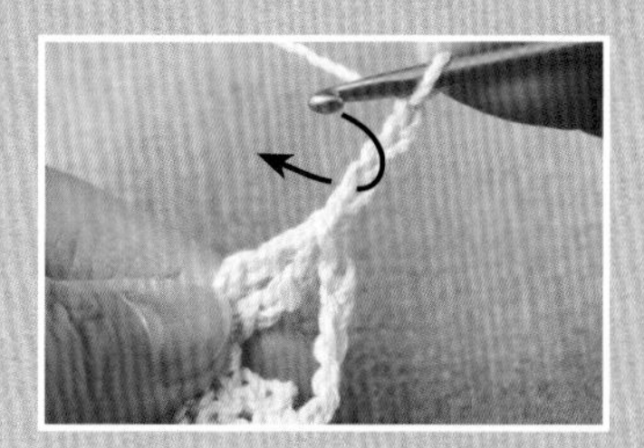

1 第11行钩织2针长长针枣形针，再钩织5针锁针（箭头在步骤2中讲解）。

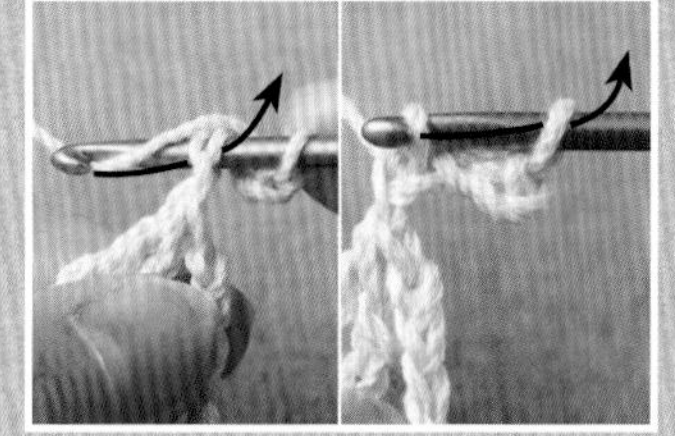

2 钩针插入自长长针针目起第2针锁针的针目（步骤1的箭头位置），钩针挂线引拔，再继续钩过针上的另一个线圈。

3 3针锁针的狗牙拉针完成，再继续钩织2针锁针。

4 接着再钩织2针长长针枣形针。

作品钩织要点：81 成品图➡p.76 图解p.78

葡萄花片的连接方法

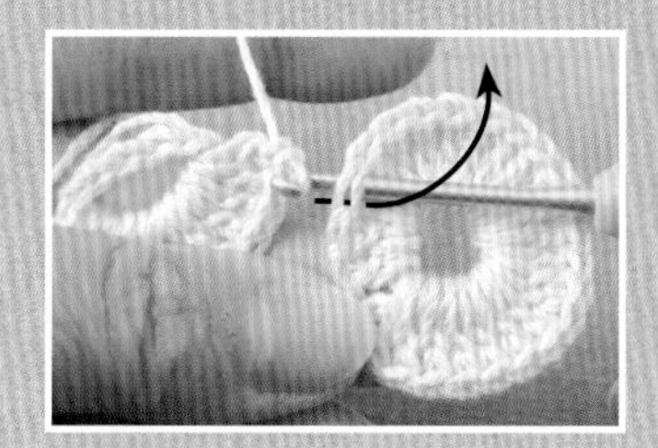

1 花片按照图解钩织长针，至粗线表示的连接针目处。钩针从第2片花片的连接针目处退出，插入第1片花片。

2 钩针插入第1片花片中用粗线表示的针目（见p.78图解），再插回第2片花片的针目，沿着步骤1的箭头方向引拔，接着钩针挂线钩织长针。

3 继续钩织第2片花片剩余的长针。

4 第2片钩织完成后，在立针的第3针锁针处引拔。图中即为2片花片连接完成的样子。第3片以后，都在图解粗线表示的位置，以钩织第2片花片同样的方法，在两处连接花片。

Basic Lesson 方眼花样基础

挑针

[从起针中挑针]

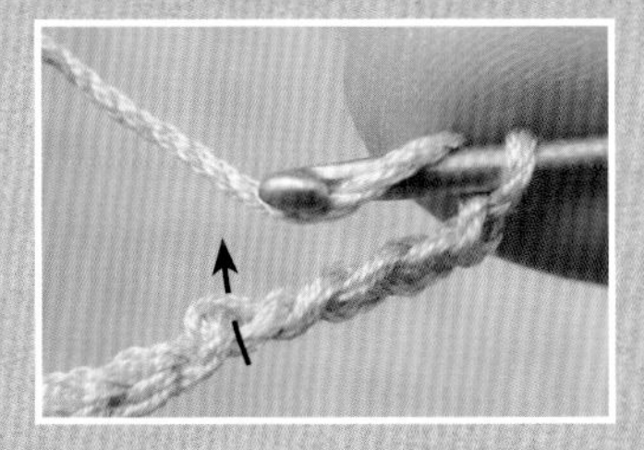

〈第1行〉钩针插入起针针目的里山挑针。

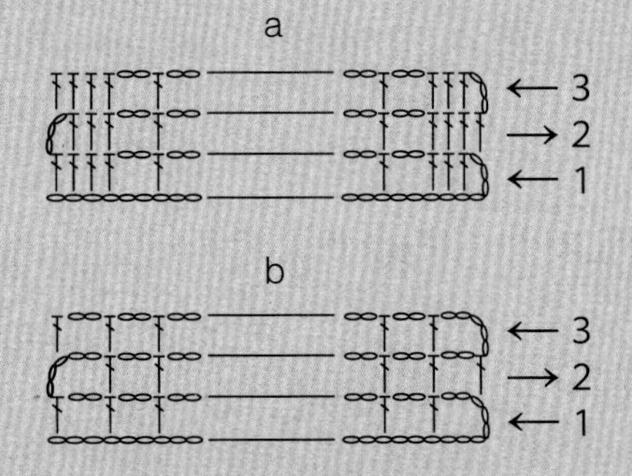

情况a

[编织起点处的挑针]

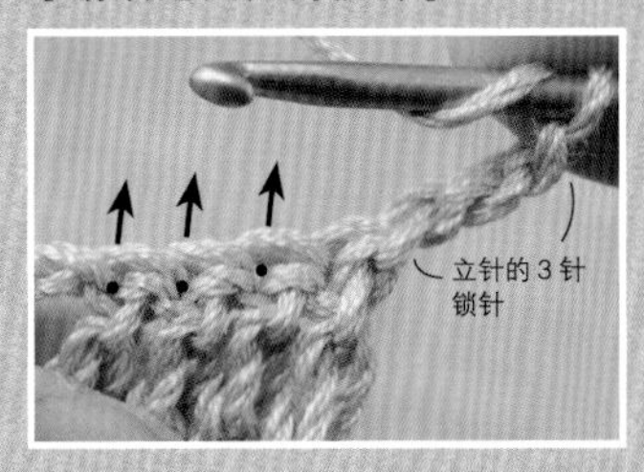

〈第2行〉从前一行的长针针目挑针。

[编织终点的挑针]

从前一行立针的第3针锁针处挑针。第2行参照图A、第3行开始参照图B，钩针插入针目上半针和里山挑针。

情况b

[编织起点处的挑针]

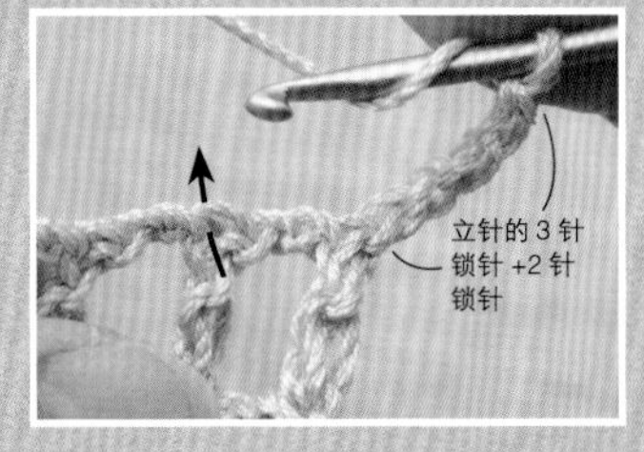

〈第2行〉从前一行的长针针目挑针。

[编织终点的挑针]

从前一行立针的第3针锁针处挑针。第2行参照图A、第3行开始参照图B，钩针插入针目上半针和里山挑针。

接线方法

[一行结束接线]

1 将接续的线和之前钩织的线打结。

2 引拔接续的线。图的左下方是钩织完立针的3针锁针的样子。

[钩织中途接线]

正在钩织的一针完成前，停在最后的引拔位置，钩针挂钩织的线，再挂接续的线，一起引拔完成一针，继续钩织。

处理线头

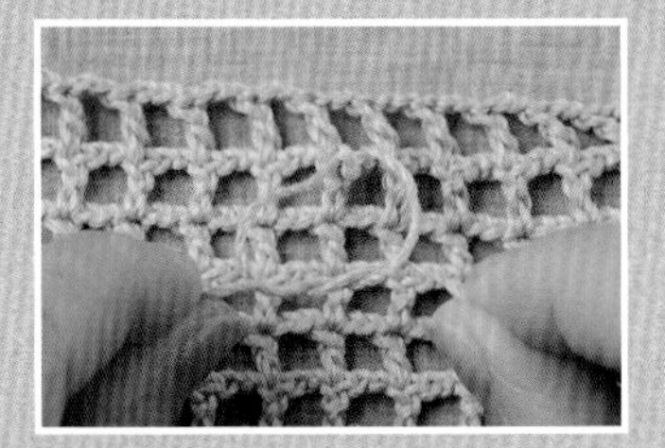

1 线头打两次结。

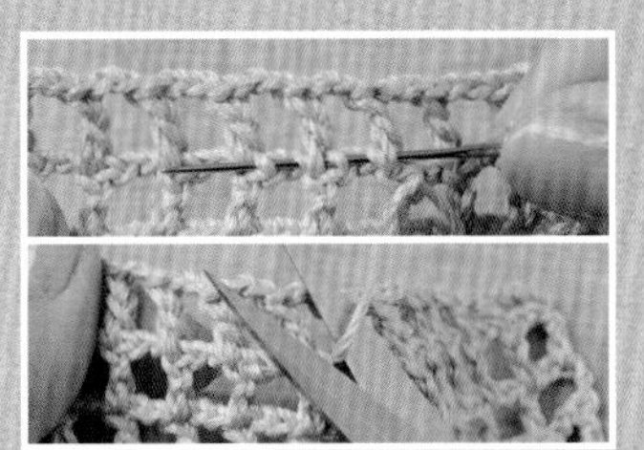

2 将线穿上毛线缝针，穿进钩织针目中2~3cm，再穿回到打结位置(上图)。沿着线头边缘剪断(下图)。

熨烫方法

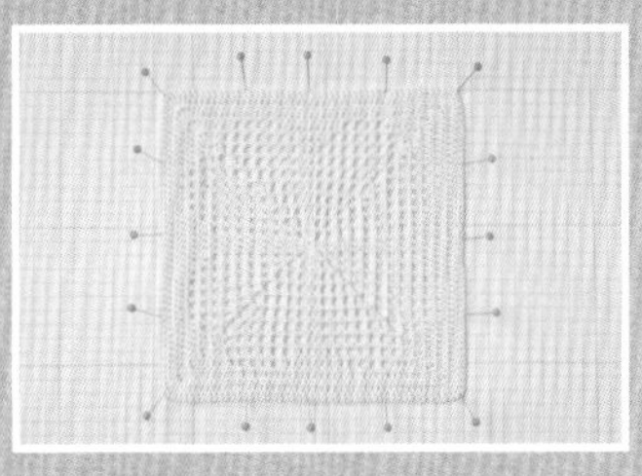

1 将作品放置在方格纸上，用珠针固定。如果是六边形的情况，就在画好尺寸的制图纸上铺好可以透写的透明薄纸，再放置作品(防止作品被画好的尺寸线弄脏)，用珠针固定。

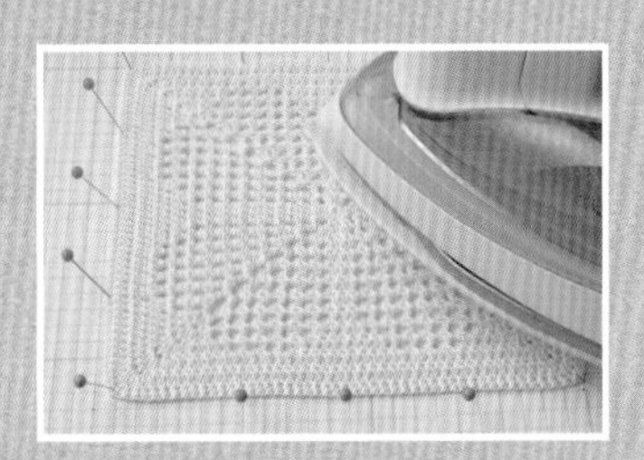

2 熨斗悬空，用蒸汽均匀地进行熨烫。等待完全干燥后拆除珠针。

作品钩织要点：13 成品图☛p.21 图解p.143

加钩花片的方法

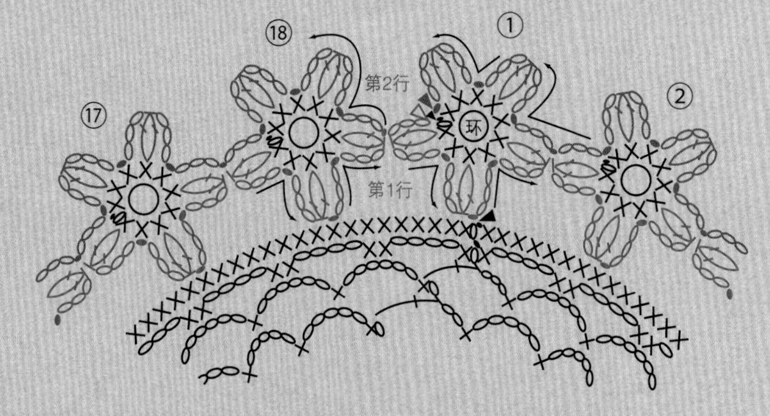

第1行（沿着主体边缘，加钩18片花片。第1行钩织18片花片的下半部分，第2行完成上半部分）

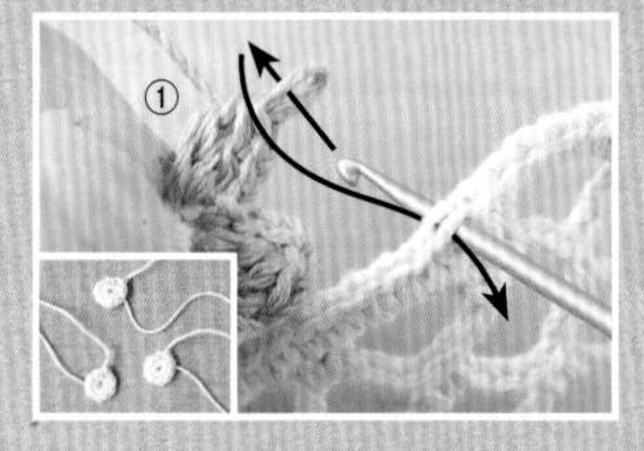

1 花片①是在花芯上加线钩织花瓣。钩织完第2片花瓣的2针长针枣形针后，退出钩针，插入主体的指定位置，再挂上之前退出的针目。

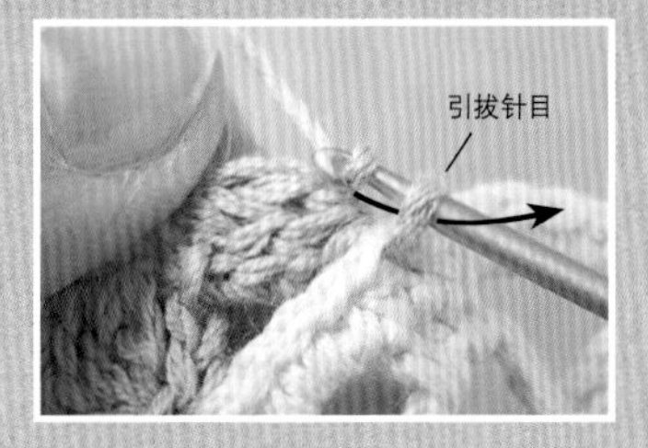

2 沿箭头方向引拔。

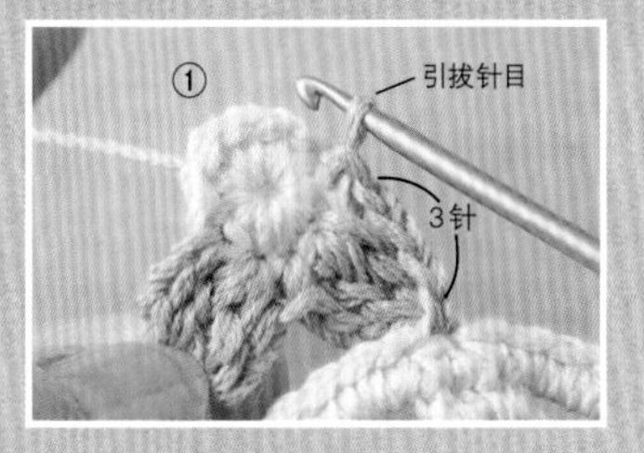

3 继续钩织3针锁针,从花芯上引拔。第2片花瓣钩织完成。继续参照图解，钩织第3片花瓣。

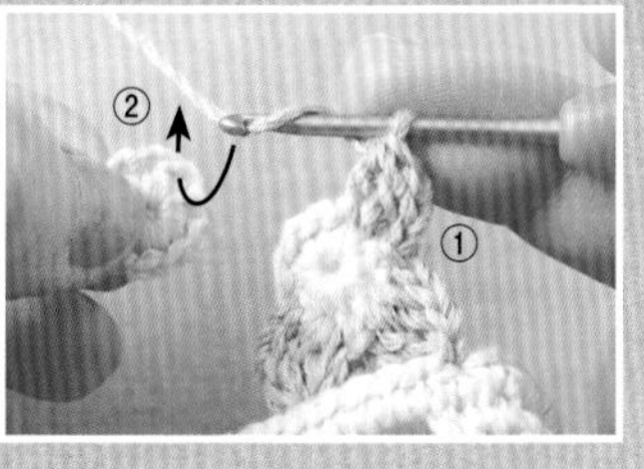

4 钩织完成第3片花瓣，接着在花片②的花芯上钩织2针长针枣形针。

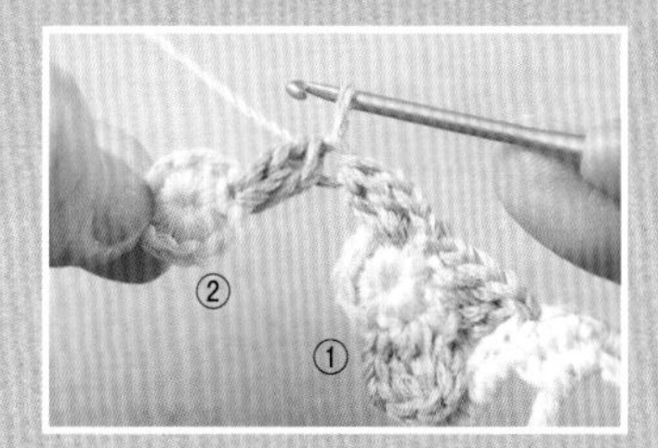

5 2针长针枣形针钩织完成（连接花片①和花片②）。

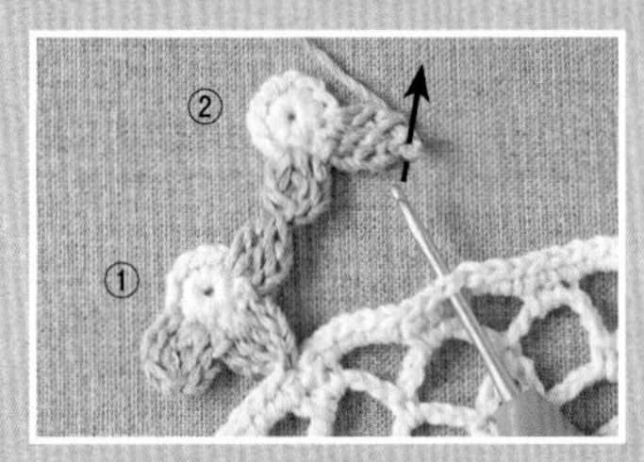

6 钩织花片②第2片花瓣的2针长针枣形针，以步骤1同样的方法和主体连接。

7 重复步骤1~6，沿主体一圈共加钩18片花片（图中为完成3片的样子）。

8 钩针插入花片①的第1片花瓣。引拔连接花片⑱。至此，完成花片的下半部分。

第2行（使用其他颜色的线材以示区分）

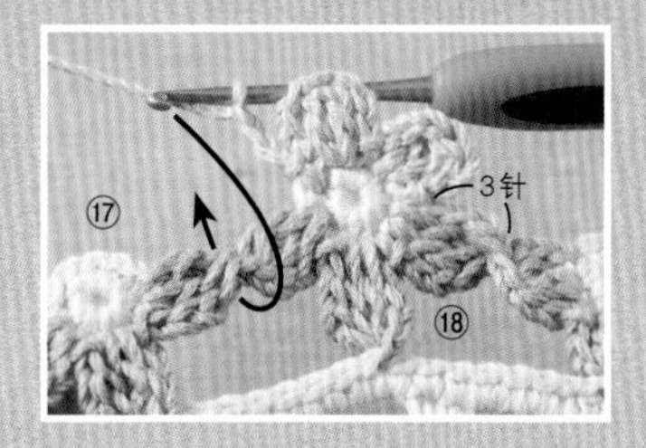

1 上半部分先钩织3针锁针，在花片⑱的花芯上引拔，按照标记顺序继续钩织花瓣。

2 在花片⑰和花片⑱的连接处，沿着步骤1的箭头方向在花瓣连接处整段挑针，引拔钩织。

3 重复步骤1、2，钩织花片的上半部分。

4 连接18片花片完成。

作品钩织要点 97 成品图►p.85 图解p.144

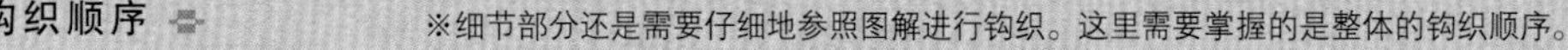

花片的钩织顺序

※细节部分还是需要仔细地参照图解进行钩织。这里需要掌握的是整体的钩织顺序。

1 先钩织位于中间位置的花片a。接着钩织第1个花片b，过程中钩针从花片a的狗牙拉针背面插入，钩长针把b连接在a上。

2 把花片a、b都正面朝上放置，继续钩第2~4个花片b，过程中用长针把b连接在a上。右下图为花片a和4个花片b连接好的样子。

3 钩织最外侧的锁针和狗牙拉针，作为"外框"的起针（第1行），再加线钩织第2行。

4 第2行按图解钩28个花样（长针8针并1针），过程中钩长针连接4个花片b。左下图为外框的一边完成的样子。

5 连接花片a、b和"外框"（第1、2行）。外框的4条边都完成了。同时和花片a、b连接在一起。

6 填充花片a、b 和外框之间的空隙部分（紫色线示范）。

7 以同样方法填充剩余的空隙部分。

8 完成。为了便于理解，钩织过程中使用了不同颜色的线材进行说明。实际操作时请一定按照顺序进行钩织。

作品钩织要点 106 成品图►p.92 图解p.94

长针和5卷长针的2针并1针

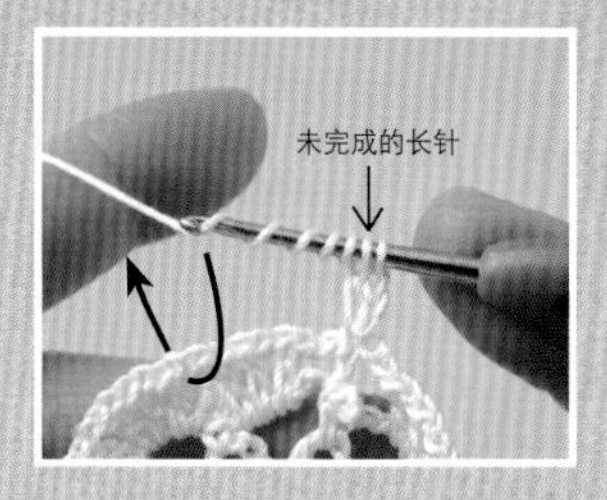

1 钩织1针未完成的长针，钩针绕线5圈，在前一行的锁针上整段挑针，准备挂线引拔。

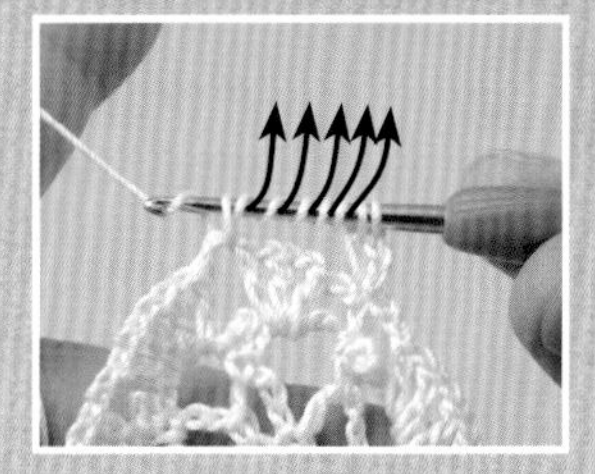

2 钩针挂线，沿箭头方向，每2个线圈引拔1次，共引拔5次。

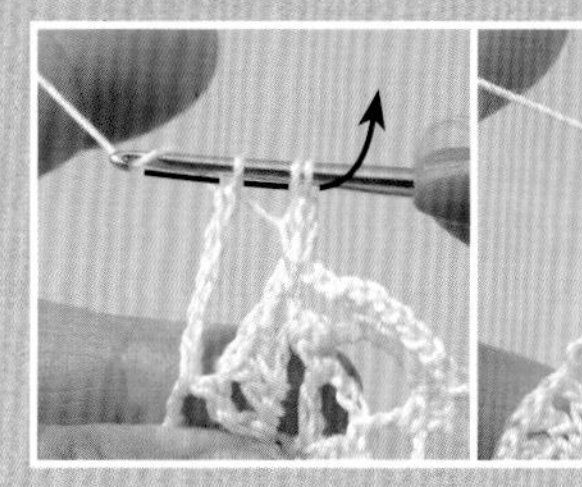

3 钩针再次挂线，一次钩过针上3个线圈。完成长针和5卷长针的2针并1针。

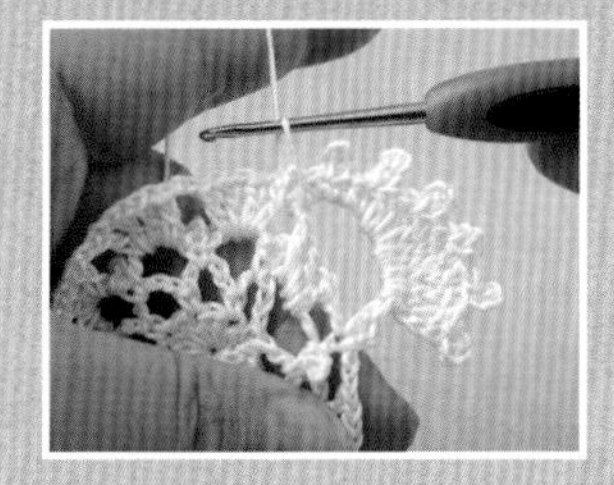

4 图为第5行中一个花样完成的样子。

作品钩织要点 |28 成品图➨p.109 图解p.149

第4行的钩织方法

1 钩1针锁针作为起立针，再钩1针短针。钩针插入短针针目，钩3针锁针和2针长针枣形针。

2 钩4针锁针，钩针插入第1针锁针，钩2针长针枣形针。

3 钩针插入第3行第6针短针，钩1针短针。完成1个花样。

4 完成下一个花样的3针锁针和2针长针枣形针。重复步骤1~3。全部钩织完成后，钩针插入步骤1的短针针目，钩3针长针枣形针。第4行完成。接着继续钩织第5行。

荷叶边的钩织方法

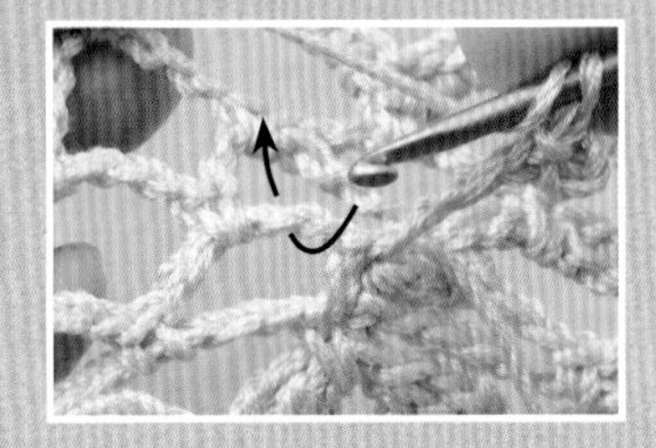

1 织物正面朝前。在第7行的短针处加线。钩4针锁针、3针锁针的狗牙拉针、1针锁针。［接着沿箭头方向，在前一行的锁针上整段挑针钩1针长针。钩1针锁针、3针锁针的狗牙拉针、1针锁针］。再重复一次［ ］里的内容。

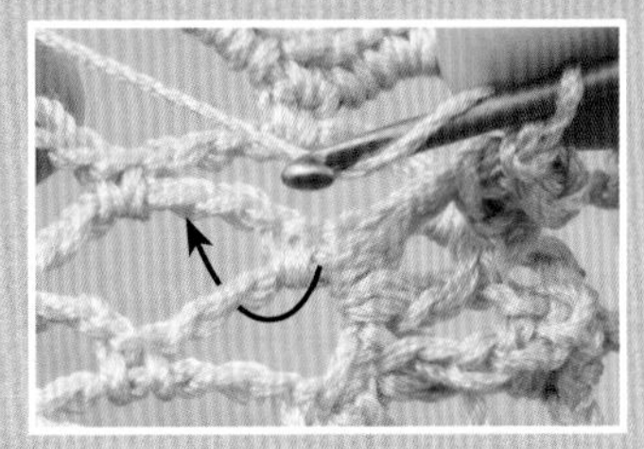

2 2针长针都在步骤1的同一个网格内，在第8行短针前面的锁针上整段挑针。以同样的方法钩织长针之后的锁针和狗牙拉针。

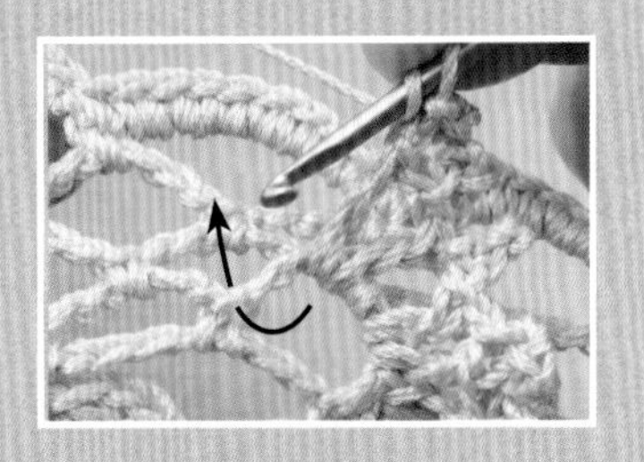

3 钩针插入第7行的下一个短针针目，钩下一个长针，再继续钩1针锁针、3针锁针的狗牙拉针、1针锁针。

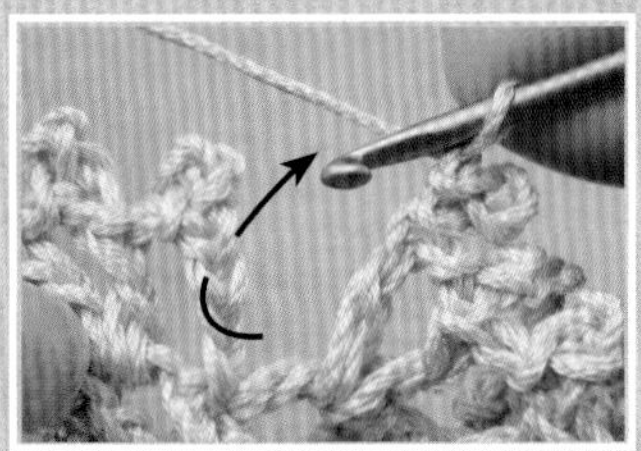

4 重复步骤1~3，钩织一圈。最后，钩针插入最初4针锁针的第3针，钩织引拔针完成。以同样的方法钩织第8行的荷叶边。

作品钩织要点 |22 成品图➨p.105 图解p.107

花片的连接方法（3片钩织引拔针连接）

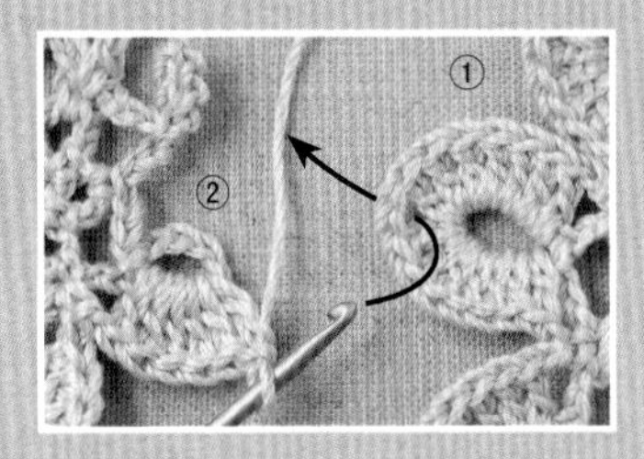

1 外圈的花片②，钩完连接处之前的长针后，钩针沿箭头方向插入中心花片①的2针锁针。

2 钩织引拔针。接着钩1针锁针、1针长针。钩织引拔针，和中心花片连接起来。

3 连接花片③，钩针沿箭头方向插入花片②的引拔针针目，钩织引拔针。

4 接着钩织锁针，再继续参照图解进行钩织。每片花片以同样的方法连接3处。右下图为3片花片连接部分的特写。

作品钩织要点 |20 成品图▶p.104 图解p.106

成品图▶p.104 图解p.106

加钩短针的位置

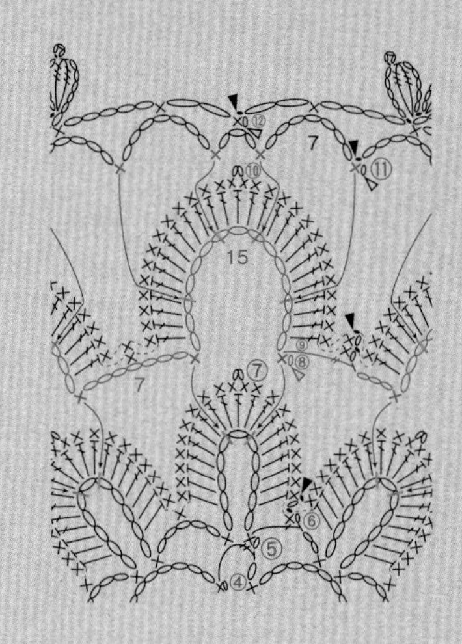

1 第 7 行钩织完成，接着钩针需要从钩织紧密的花样背面入针，为了从正面清楚地分辨出花样的位置，可以使用不同颜色的线材作为标记。钩织第 8 行时，需要在第 5 行的两处钩织短针。

2 朝向面前翻折花瓣，在标记位置加新线。钩 1 针锁针作为立针，再钩 1 针短针、15 针锁针。

3 继续朝向面前翻折花瓣，钩针插入下一个标记位置，钩织短针。可以在钩织完成后，按顺序依次拆除标记。

4 下一片花瓣钩织短针和锁针完成，针目之间可以看见短针的根部。

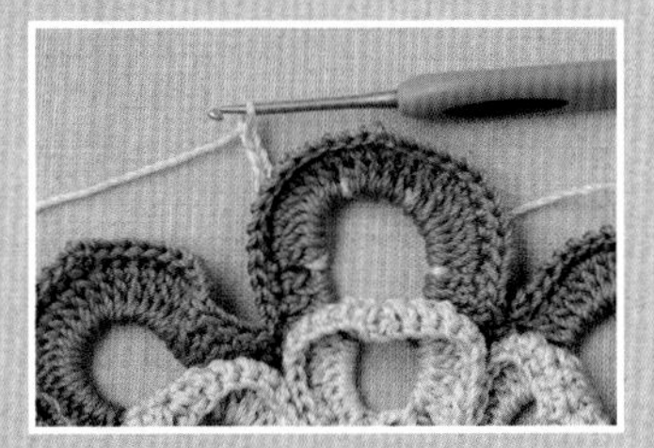

5 图为钩织第 11 行的样子。针目之间可以看见短针的根部。

作品钩织要点 |21 成品图▶p.105 图解p.145

成品图▶p.105 图解p.145

心形的钩织和连接方法（第2行）

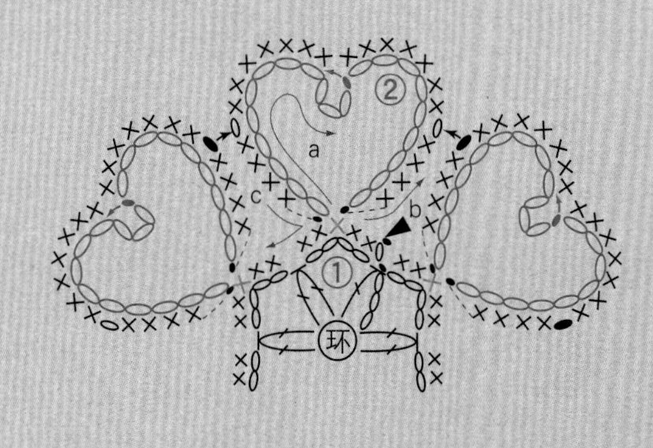

1 钩 1 针锁针作为立针，再钩 3 针短针，钩锁针和狗牙拉针作为心形的基础，织物背面朝前放置，钩针沿箭头方向插入短针的第 3 针针目(×)。

2 钩织引拔针，再将织物正面朝前放置。包住锁针钩 4 针短针、1 针锁针、7 针短针。

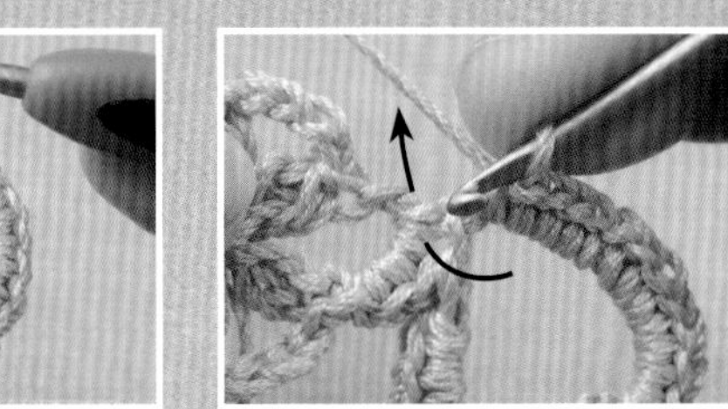

3 把狗牙拉针倒向下方，用线包住剩下的锁针，继续钩 7 针短针、1 针锁针、4 针短针。

4 钩针插入步骤1钩织引拔针的同一针短针针目（×），钩织下一针引拔针。继续在第1行的锁针上钩2针短针。

5 重复步骤 1~4，完成 4 针短针后，将 1 针锁针改为引拔针，钩针从前侧插入上一个心形的锁针，引拔连接。最后一个心形分别和左右的心形连接。

6 参考图示 a、b、c 指示的方向进行钩织。图为 2 个心形连接完成的样子。

作品钩织要点 | 23 成品图 ▸p.108 图解p.110

爱尔兰花 花朵的钩织方法

1 第 4 行钩 1 针锁针作为立针，织物背面朝前放置。沿箭头方向，挑第 2 行短针的根部。

2 钩针挂线引拔，钩织短针（这是在织物背面钩短针正拉针，图解上是织物正面标示为短针反拉针）。

3 钩 5 针锁针。下一个短针以步骤 1、2 同样的方法，从前侧插入钩针，挑短针的根部。

4 重复步骤 3，钩织一圈。

5 第 5 行将织物正面朝前。在第 4 行的 5 针锁针上整段挑针，钩织短针、中长针、长针。

6 第 6 行再将织物背面朝前，以第 4 行钩织短针的同样方法，钩针从前侧插入，挑第 5 行短针的根部钩织。

7 钩织完成的样子。短针根部可以看见下一层花瓣短针的根部。

爱尔兰花 叶片的钩织方法

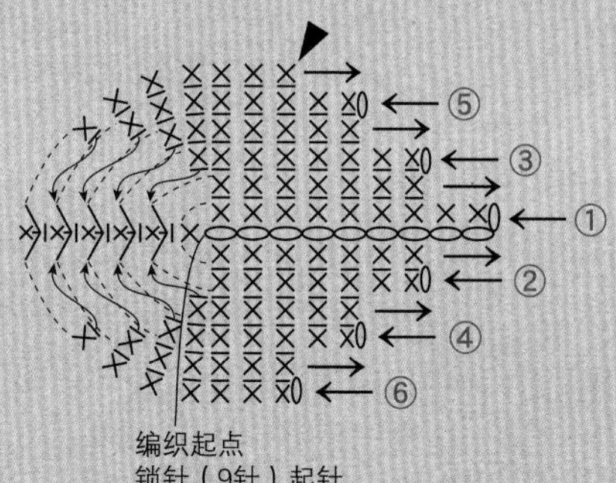

1 钩 10 针锁针，其中 1 针作为立针。第 1 行挑第 2 针锁针的半针和里山，钩织短针。每一针锁针对应一针短针，共钩 9 针短针。

2 翻转织物，在第 1 针起针（转角的位置）上再钩 2 针短针。另一侧的短针用起针剩余的一股线钩织。钩织时包住线头。

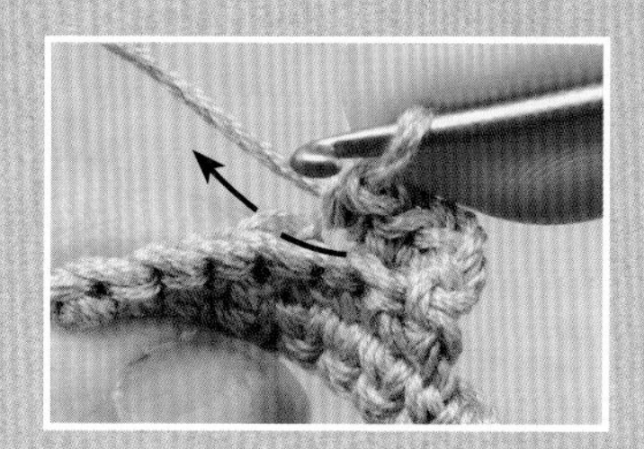

3 钩织到还余 2 针起针的位置。第 2 行钩 1 针锁针作为立针，翻转织物改变钩织方向。钩针沿箭头方向，插入前一行短针的半针，钩织短针。

4 转角的位置以步骤 2 同样的方法，在 1 个针目中钩出 3 针短针。

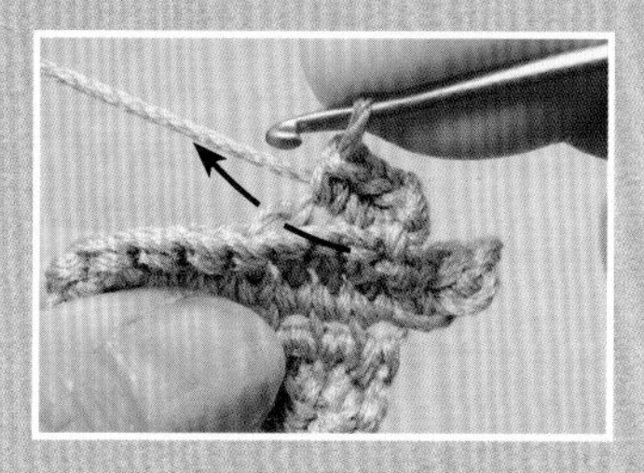

5 另一侧也是钩织至第 1 行还余 2 针的位置。第 3 行钩 1 针锁针作为立针，翻转织物，钩针沿箭头方向，插入前一行短针的半针，钩织短针。这种挑半针往返钩织的方法，就是短针棱针。

6 重复每一行挑短针的半针钩织，在角的位置加针，钩织至前一行还余 2 针的位置。钩织完成后留出 10cm 左右的线尾，用于和主体连接时使用。

作品钩织要点 130 成品图►p.109 图解p.151

后加花芯的钩织方法

1 第 4 行挑第 3 行短针的半针钩织引拔针。内侧留出的半针形成环状。

2 织物的正面朝前，在第 3 行内侧留出的半针上加线。

3 钩针插入第3行的短针，按照图解钩［3针锁针、1针引拔针］，完成一圈。

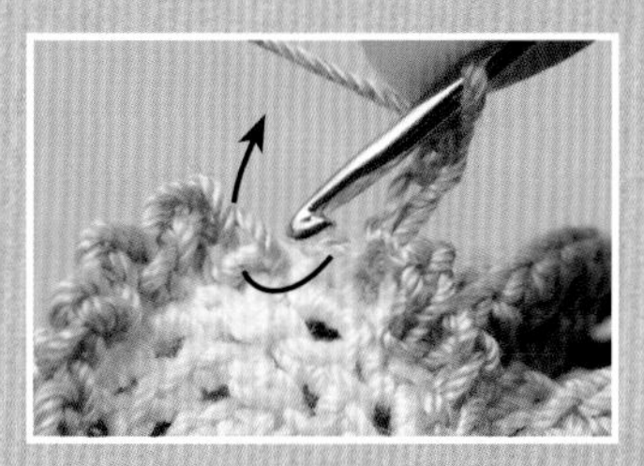

4 最后，钩针插入最初加线的同一针目，钩织引拔针。线尾拉至背面，穿进织物中 2~3cm，处理线尾。

作品钩织要点 131 成品图►p.112 图解p.114

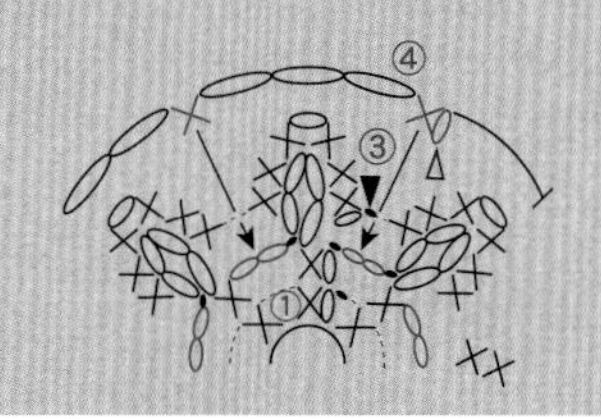

花片的钩织方法（第4行短针 ✕ 的钩织方法）

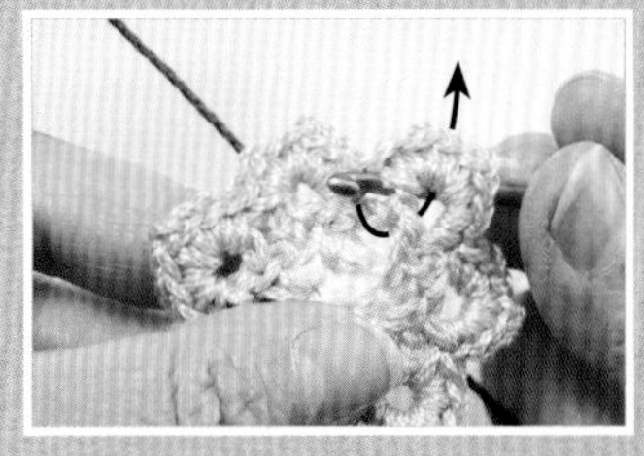

1 第 4 行更换配色线。把织物翻折朝向面前，［钩针插入第 3 行两片花瓣之间，沿箭头方向，整段挑第 2 行的 2 针锁针］。

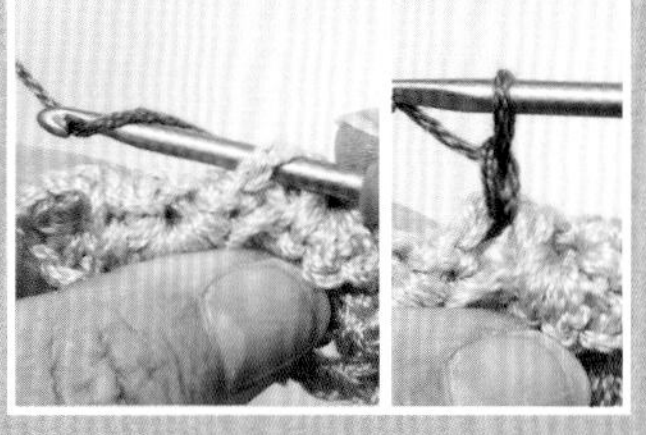

2 钩针挂线（左图）引拔，钩1针锁针作为立针（右图），［在第2行的2针锁针上，钩1针短针、3针锁针］。

3 参照步骤 1［ ］的内容，插入钩针，参照步骤 2［ ］的内容，重复钩织一圈。左图为织物背面的样子，右图为织物正面的样子。

4 继续钩织第 5、6 行，完成花片。

作品钩织要点 136、137 成品图►p.120、121 图解p.122

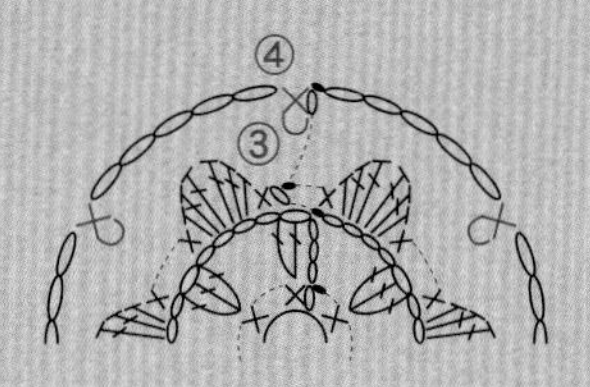

花朵a、b的钩织方法（第4行短针反拉针 的钩织方法）

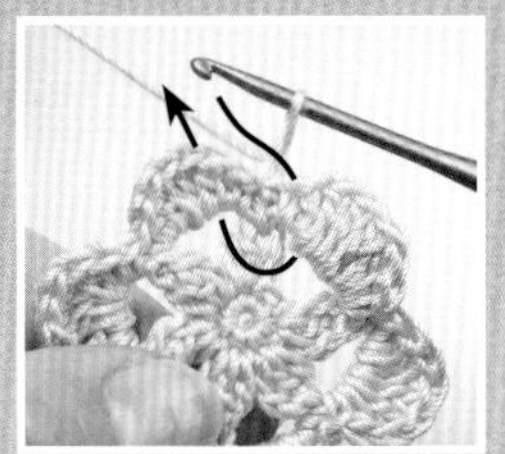

1 第 4 行钩 1 针锁针作为立针，钩针沿箭头方向插入第 2 行。

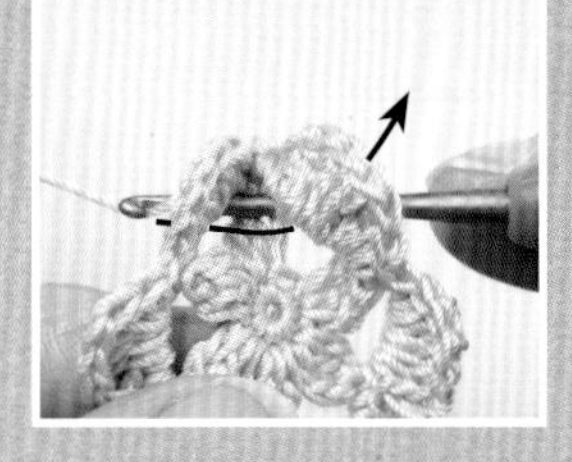

2 钩针挂线，沿箭头方向引拔钩织短针［钩织短针反拉针（参照p.159）］。

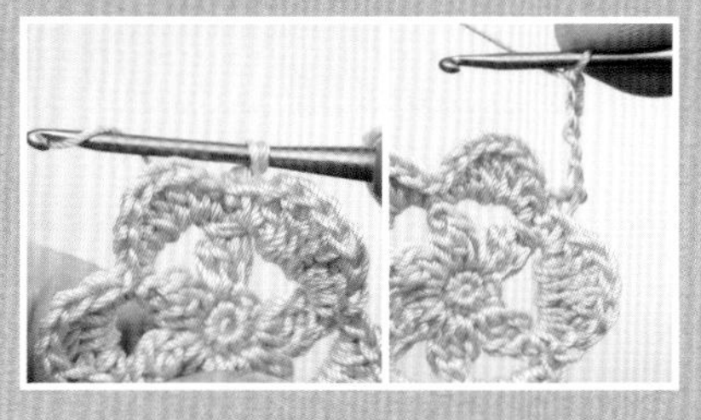

3 左图为完成短针反拉针的样子。继续钩5针锁针（右图）。

4 重复步骤 2、3，钩织一圈。左图为织物背面的样子，右图为织物正面的样子。

作品钩织要点 | 25 成品图➨p.108 图解p.146

叶片圆环的制作方法

1 钩织方法参见 p.146，钩完后 3 根一组，分别在两端锁针的边缘将线头部分打一个牢固的结。

2 固定一侧，拿着另一侧扭转 12 圈。

3 对齐两侧的线头，注意捻转的部分不要松开，在锁针的边缘打结。

4 在纸上绘制直径 15cm 的圆形，放置在熨烫台上，沿圆形铺开整理成圆环。使用蒸汽熨烫，完全干燥后使用定型喷雾剂定型。

作品钩织要点 | 35 成品图➨p.117 图解p.152

配色线的更换方法

1 完成第 4 行最后一针引拔前，把线留在钩针上，再挂上配色线。沿箭头方向，引拔配色线。

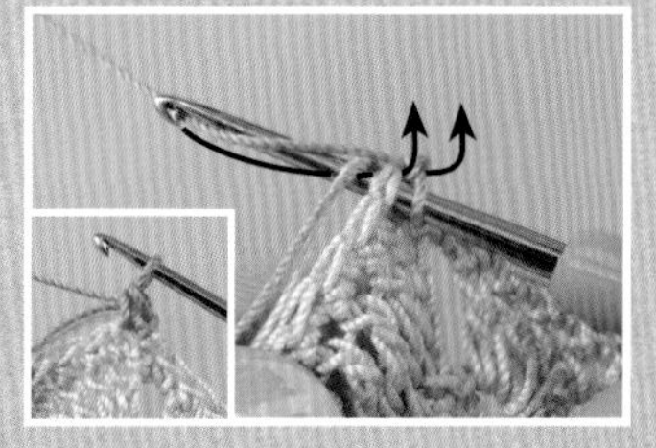

2 沿箭头方向引拔，钩织短针。使用配色线继续钩织，最开始的第 4、5 针需要包住原来的线。左下图为完成 1 针短针的样子。

配色线的上引方法

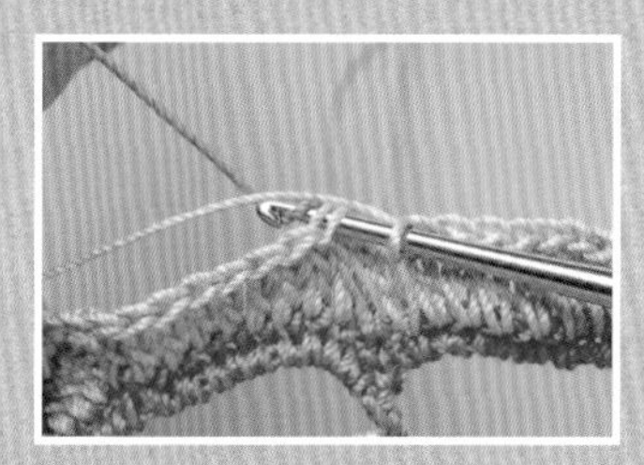

1 荷叶边第3行钩织完成，改换配色线（参照配色线的更换方法）时，将前一行的配色线上引。

2 前一行的配色线上引完成。图为背面看到的样子。

作品钩织要点 | 42 成品图➨p.132、133 图解p.134

立体玫瑰的完成方法

1 钩织立体玫瑰外侧花瓣的3行。

2 钩织引拔针至内侧花瓣开始的位置。

3 钩针挂线，准备钩 20 针锁针作为起针钩织内侧的花瓣。

4 按照图解钩织内侧的花瓣（此处换成了粉红色线示范），钩织完成后留出20cm线尾。

5 将内侧花瓣从中心开始卷成形，用钩织完成时留出的线尾缝制在外侧花瓣上。完成立体玫瑰的制作。

Part

I

纤柔的花

浪漫温柔的花朵模样，任谁都会被深深地吸引，是极具人气的一种图案。从一朵纤柔可爱的小花开始，钩织出富有变化的大片花片，描绘出形形色色的花朵的姿态。

4 15cm

5 20cm

钩织方法 ▸ p.18 设计 / 制作 河合真弓

20cm 6

20cm 7

钩织方法 ► p.19

设计 / 制作 6：冈 真理子 7：RYO

4

15cm

成品图 ►p.16

奥林巴斯 Emmy Grande

（804 原白色）…9g

蕾丝钩针 0 号

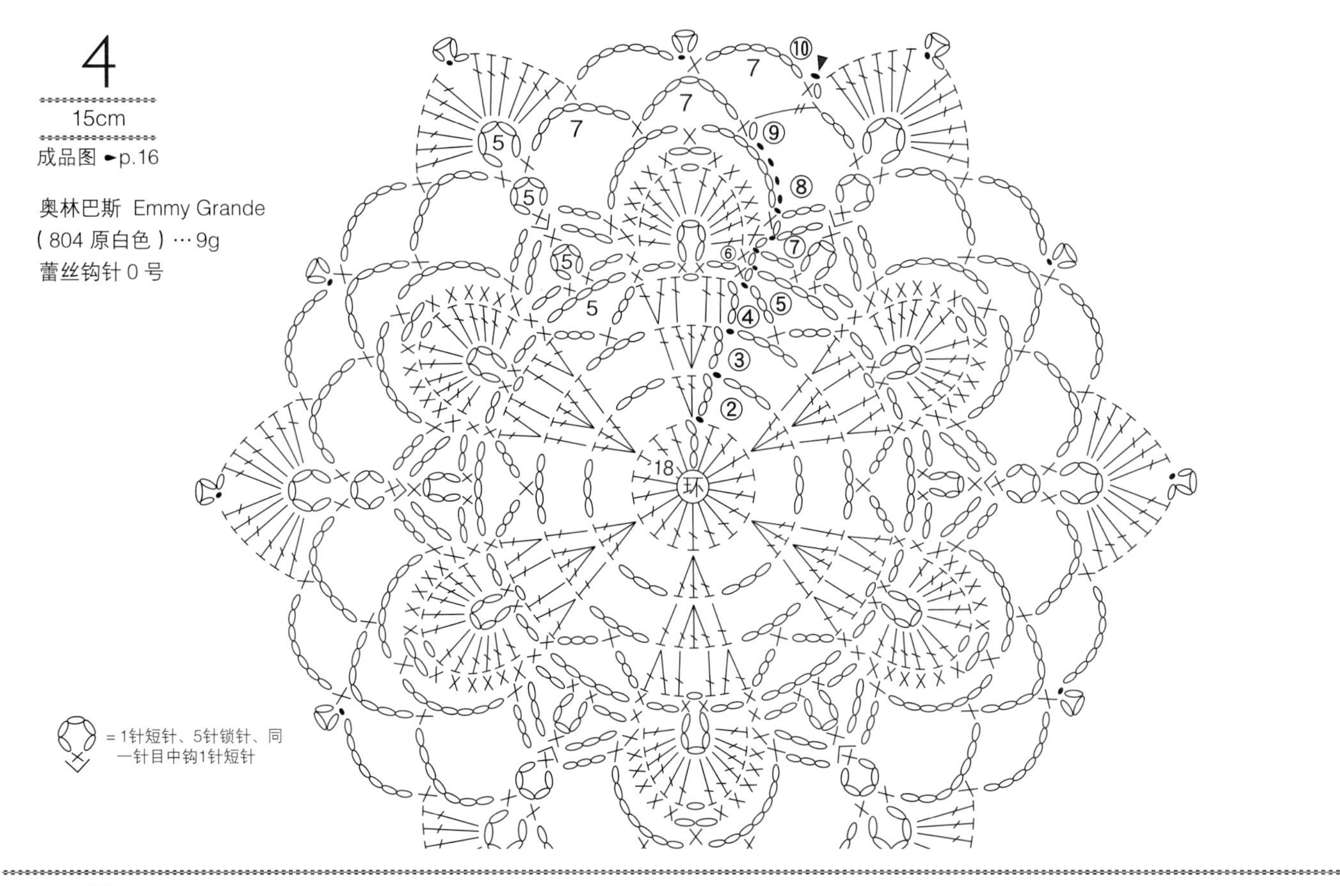

5

20cm

成品图 ►p.16

奥林巴斯 Emmy Grande

（804 原白色）…13g

蕾丝钩针 0 号

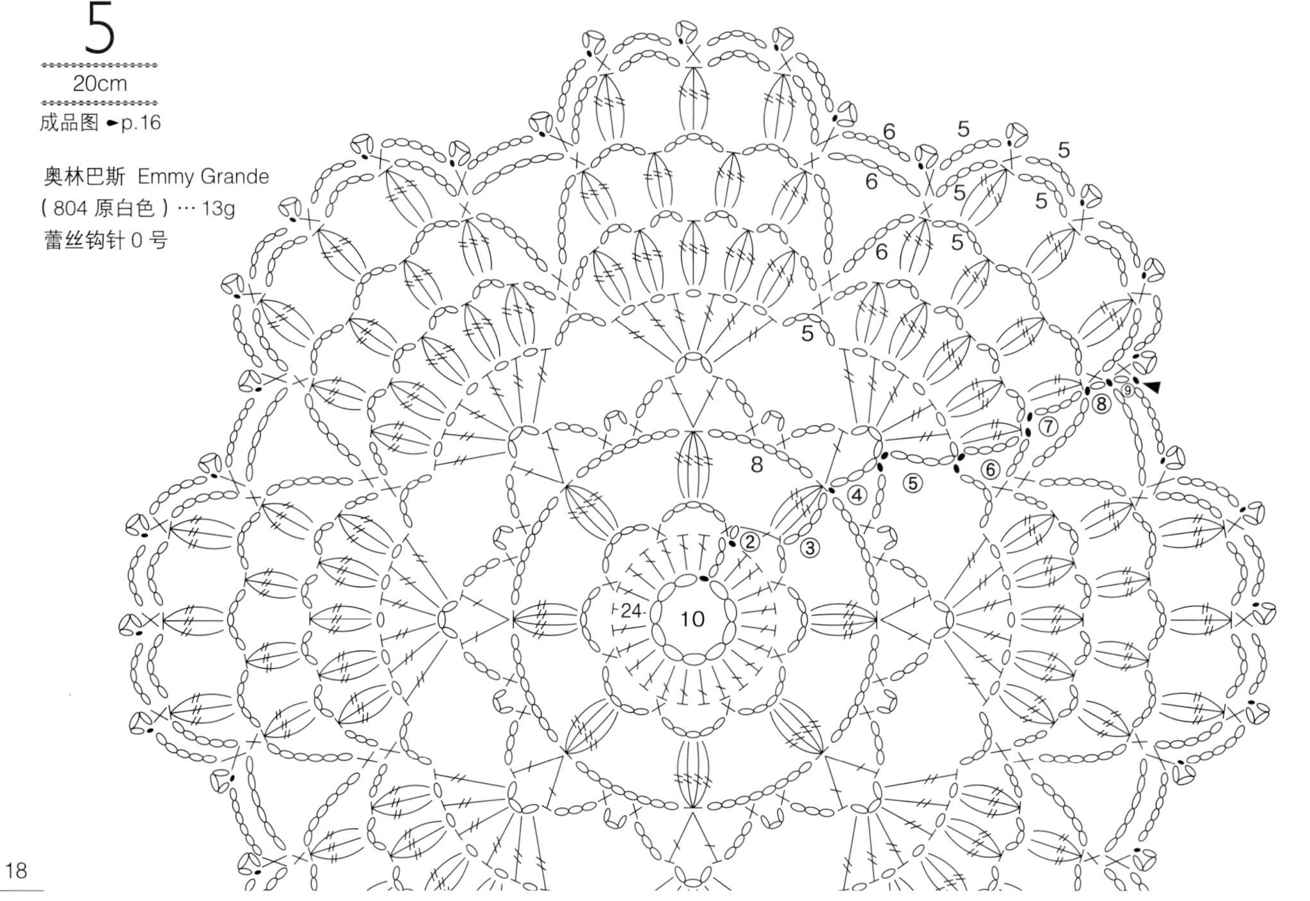

6

20cm

成品图 ►p.17

奥林巴斯　Emmy Grande
（804 原白色）… 14g
蕾丝钩针0号

7

20cm

成品图 ►p.17

奥林巴斯 Emmy Grande
（804 原白色）… 16g
蕾丝钩针0号

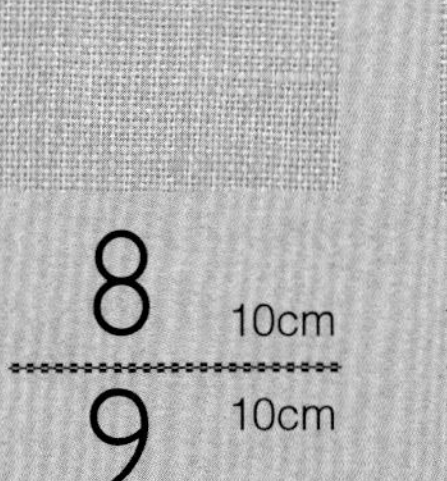

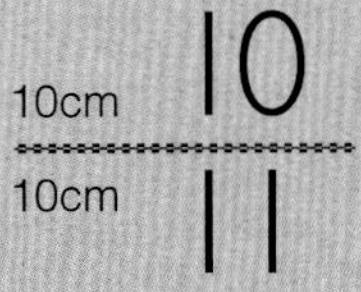

钩织方法 ► p.22 设计 / 制作 SACHIYO ＊ FUKAO

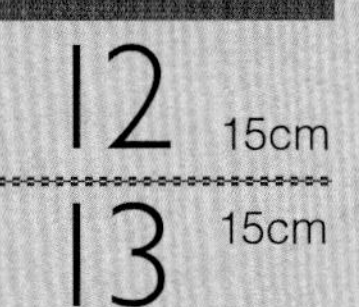

15cm 14

15cm 15

钩织方法► 12、14、15：p.23 13：p.143

设计/制作 12、13：松本薰 14：河合真弓 15：芹泽圭子

8

10cm

奥林巴斯 Emmy Grande（804 原白色）…5g

钩针 2/0 号

成品图 ►p.20

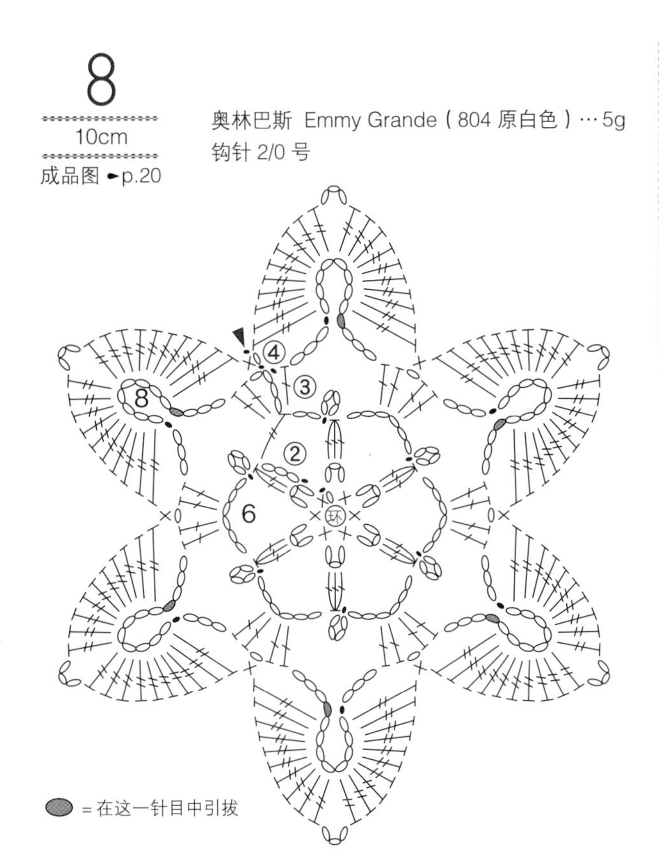

= 在这一针目中引拔

10

10cm

奥林巴斯 Emmy Grande（804 原白色）…4g

钩针2/0号

成品图 ►p.20

= 挑这一针目的半针锁针和里山钩织短针

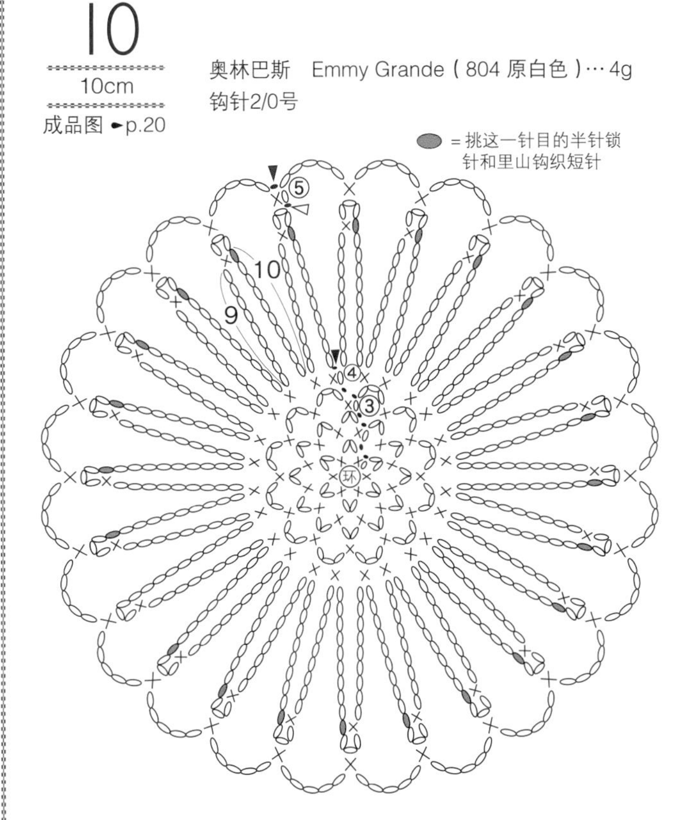

9

10cm

奥林巴斯 Emmy Grande（804 原白色）…5g

钩针2/0号

成品图 ►p.20

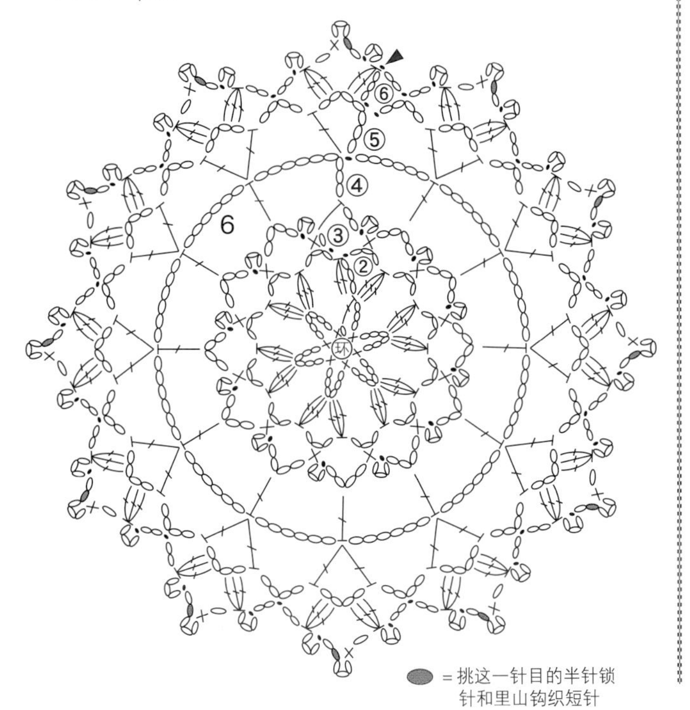

= 挑这一针目的半针锁针和里山钩织短针

11

10cm

奥林巴斯 Emmy Grande（804 原白色）…7g

钩针2/0号

成品图 ►p.20

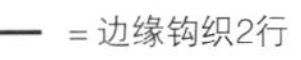 = 边缘钩织2行

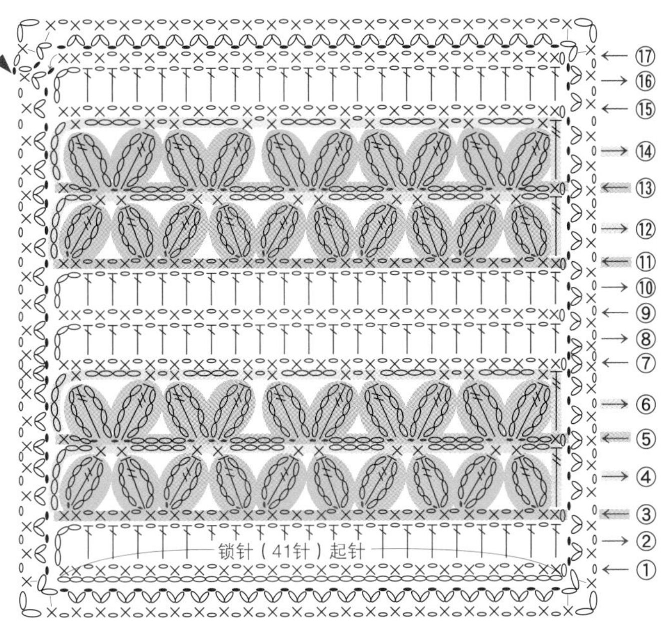

14

15cm

成品图 ►p.21

奥林巴斯　Emmy Grande（804 原白色）…8g

蕾丝钩针0号

12

15cm

成品图 ►p.21

奥林巴斯　Emmy Grande（804 原白色）…9g

蕾丝钩针 0 号

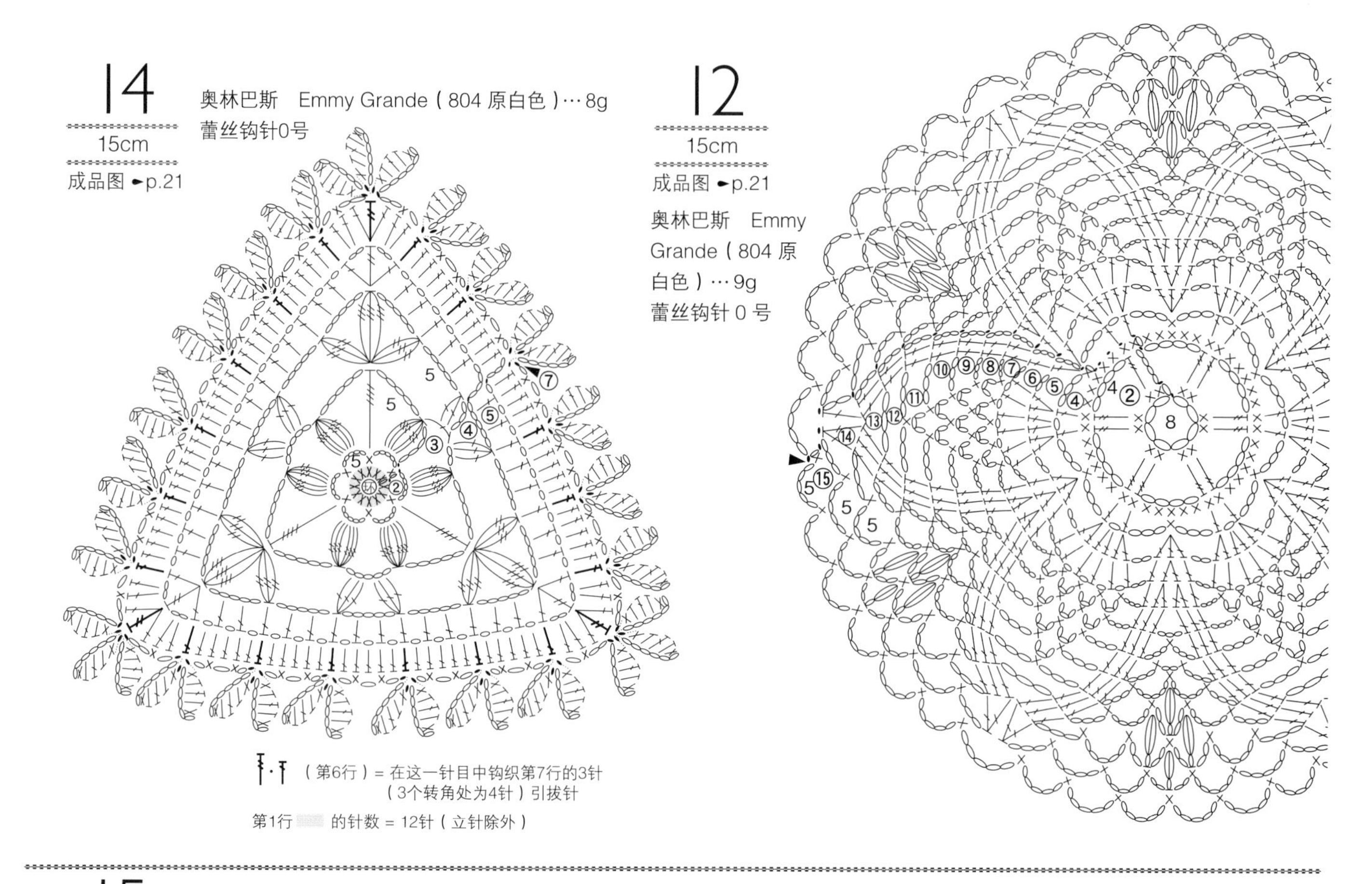

15

15cm

成品图 ►p.21

奥林巴斯 Emmy Grande（804 原白色）…3g

Emmy Grande〈Herbs〉（252 浅绿色）…3g

（814 浅琥珀色）…2g

蕾丝钩针0号

钩织方法 ► p.26 设计 / 制作 16、17 : SACHIYO ＊ FUKAO 18、19 : RYO

20cm 20

20cm 21

钩织方法 ▸ 20：p.27　21：p.140 设计 / 制作　河合真弓

16

15cm

成品图 ►p.24

奥林巴斯　Emmy Grande（804 原白色）… 7g
钩针2/0号

⬬ = 挑这一针目的半针锁针和里山钩织第2、8行的短针

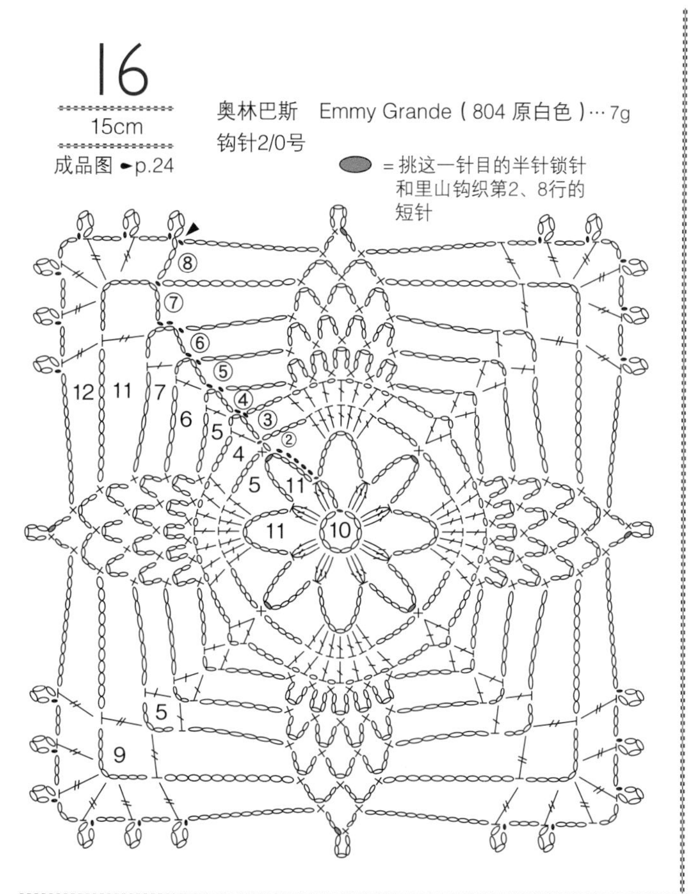

17

15cm

成品图 ►p.24

奥林巴斯　Emmy Grande（804 原白色）… 7g
钩针2/0号

⬬ = 在这一针目中钩织短针

= 在第5行的锁针上整段挑针钩织2针短针并1针

18

10cm

成品图 ►p.24

奥林巴斯　Emmy Grande（804 原白色）… 5g
蕾丝钩针0号

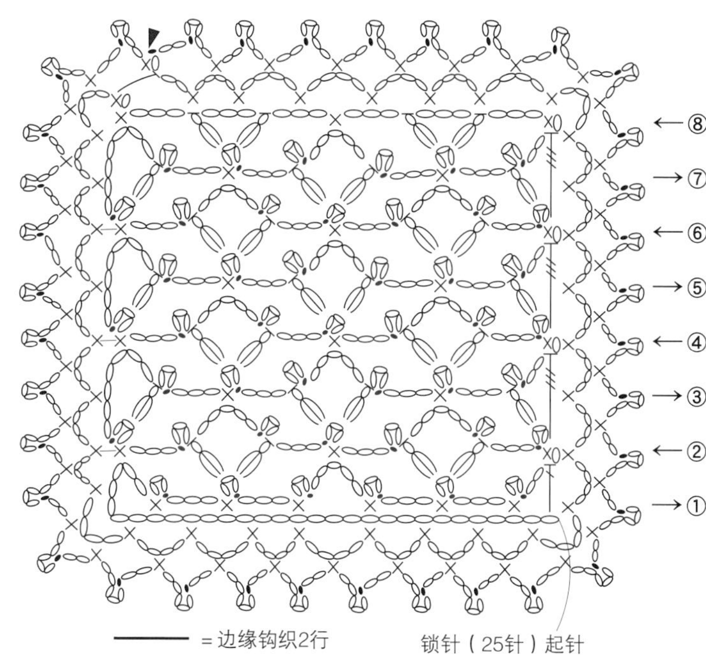

19

10cm

成品图 ►p.24

奥林巴斯　Emmy Grande（804 原白色）… 5g
蕾丝钩针0号

20

20cm

成品图 ➡p.25

奥林巴斯 Emmy Grande（804 原白色）…17g

Emmy Grande〈Herbs〉（721 米色）…6g

蕾丝钩针0号

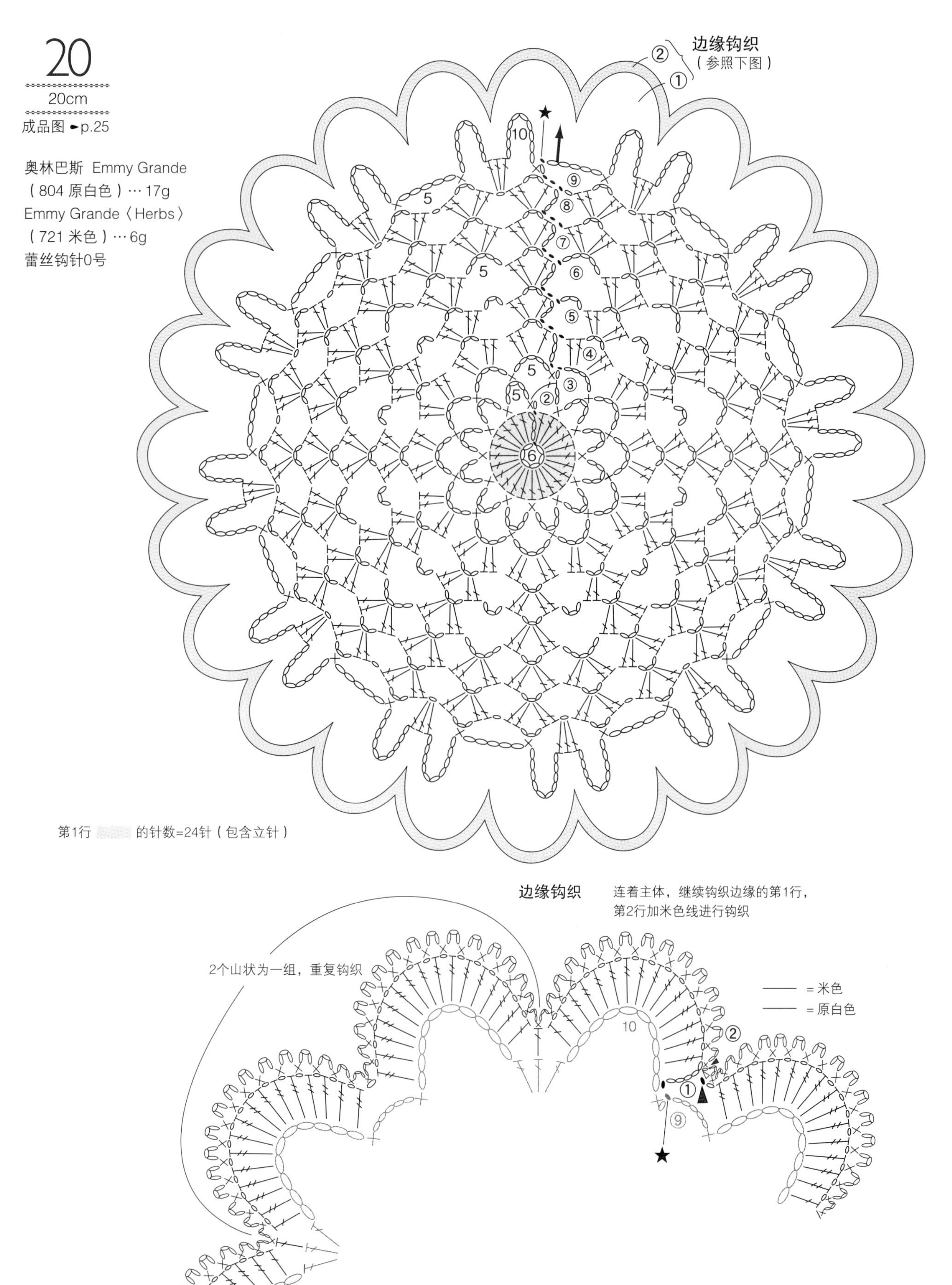

22 15cm

23 20cm

钩织方法 ▸ 22 : p.30 23 : p.31 设计 / 制作 河合真弓

21cm 24

23cm 25

钩织方法 ▸ 24 : p.141　25 : p.142　设计　广濑光治　制作　藤泽节子

22

15cm

成品图 ➡p.28

奥林巴斯 Emmy Grande
(804 原白色)… 10g
(243 茶绿色)… 4g
蕾丝钩针 0 号

——— = 原白色
——— = 茶绿色

※按照❶~❹的顺序连接

连接方法
花片❷~❹的第6行钩织短针和3卷长针，钩织前先把钩针退出针目，插入连接花片相对应的针目，引拔钩织短针、3卷长针。
以同样的方法，在花片❶3卷长针的针目中引拔，钩织花片❷❸❹中央的3卷长针。

23

20cm

成品图 ►p.28

奥林巴斯 Emmy Grande
(804 原白色)…12g
(521 铬黄色)…4g
蕾丝钩针 0 号

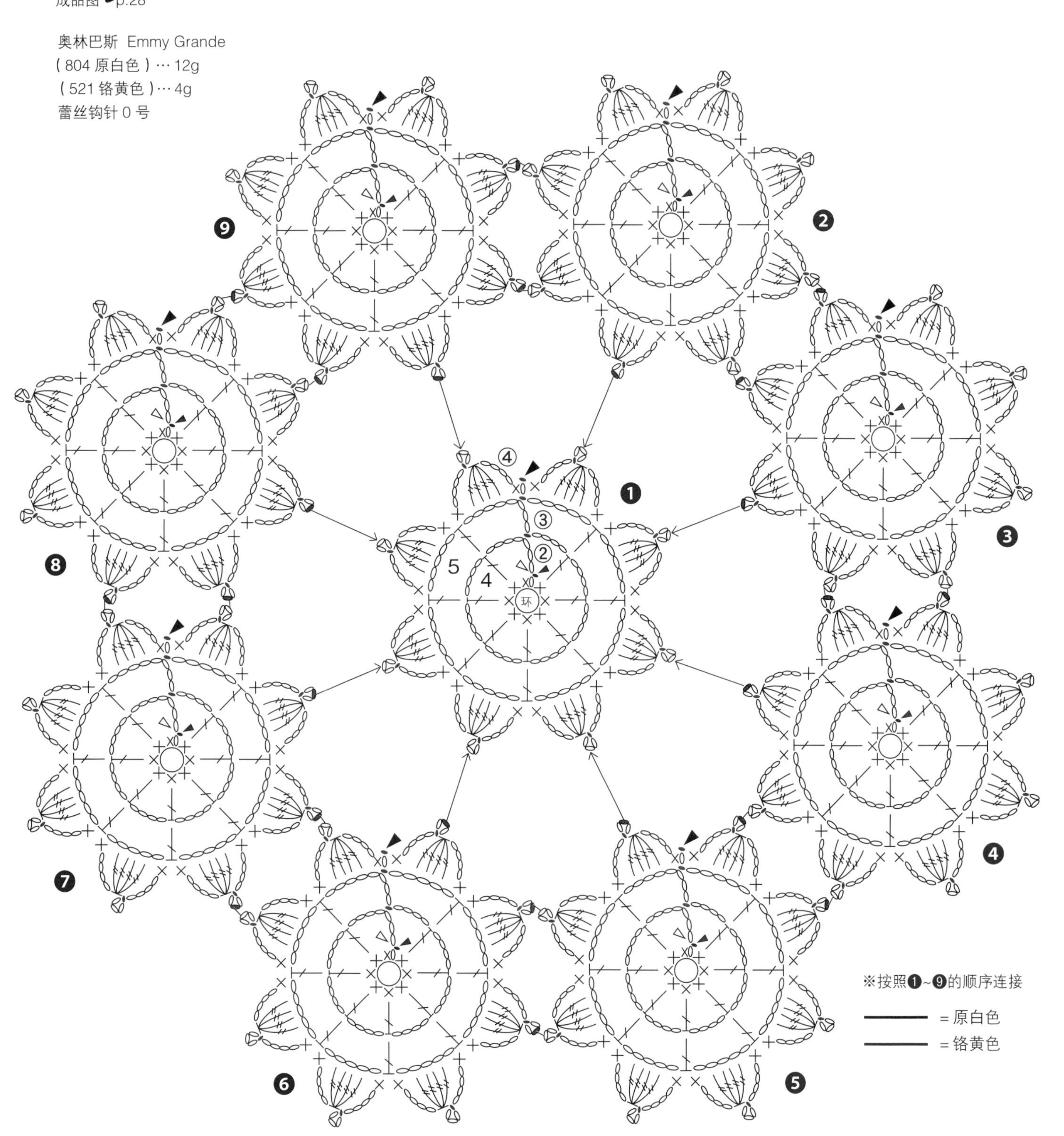

※按照❶~❾的顺序连接

= 原白色

= 铬黄色

26 20cm

27 20cm

钩织方法 ▸ p.34 设计 / 制作　芹泽圭子

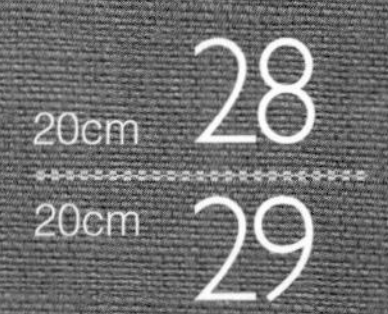

钩织方法 ▸ p.35

设计 / 制作　芹泽圭子

26

20cm

成品图 ►p.32

奥林巴斯　Emmy Grande

（804 原白色）… 16g

蕾丝钩针0号

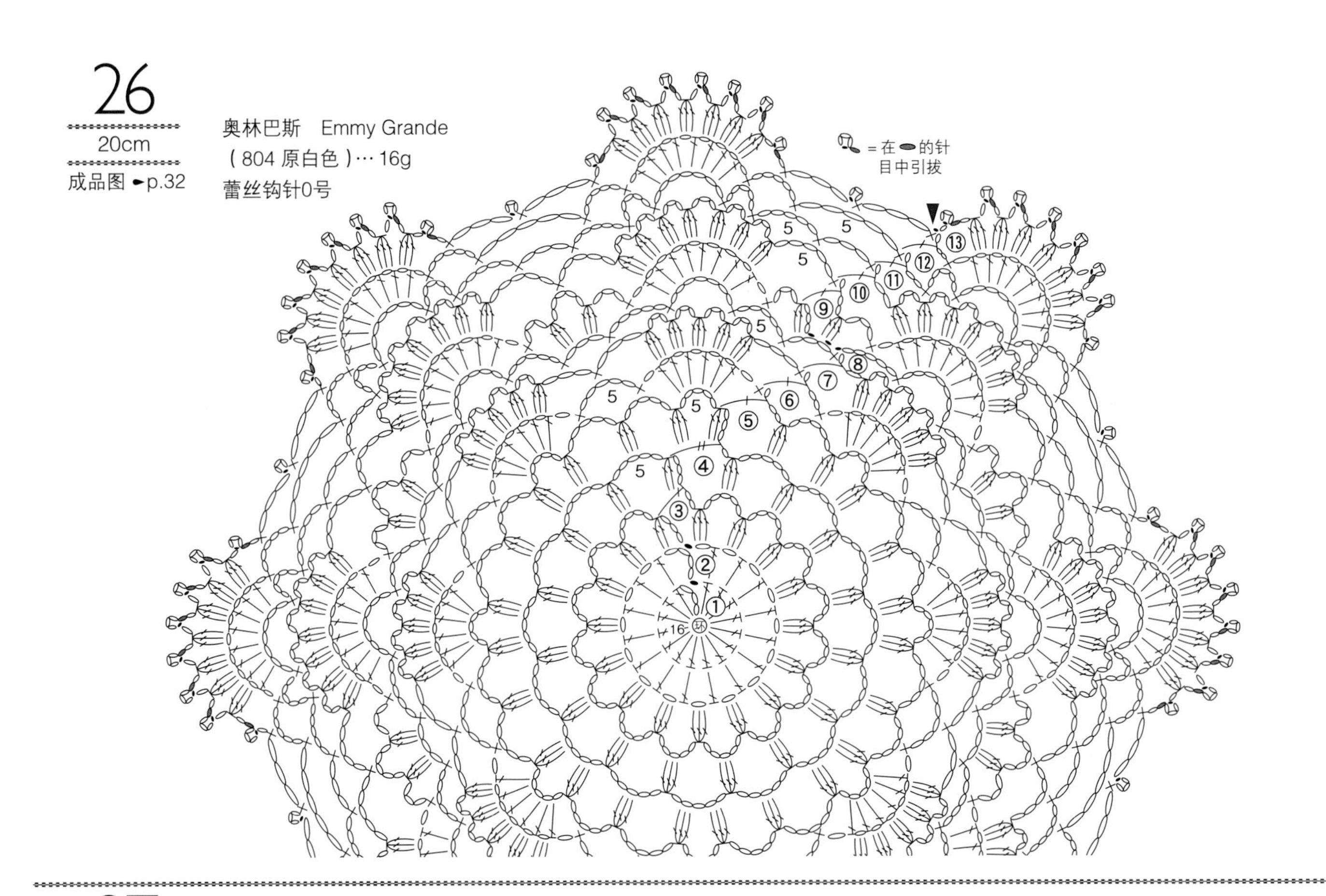

27

20cm

成品图 ►p.32

奥林巴斯　Emmy Grande

（804 原白色）… 17g

蕾丝钩针0号

28

20cm

成品图 ➸p.33

奥林巴斯　Emmy Grande

（804 原白色）… 16g

蕾丝钩针0号

29

20cm

成品图 ➸p.33

奥林巴斯　Emmy Grande

（804 原白色）… 19g

蕾丝钩针 0 号

Part

Ⅱ

菠萝花样

对于蕾丝编织的爱好者来说，菠萝花样是长久以来深受喜爱的一种花样。具象写实的图案组合，更彰显菠萝花样绚丽多彩的魅力。

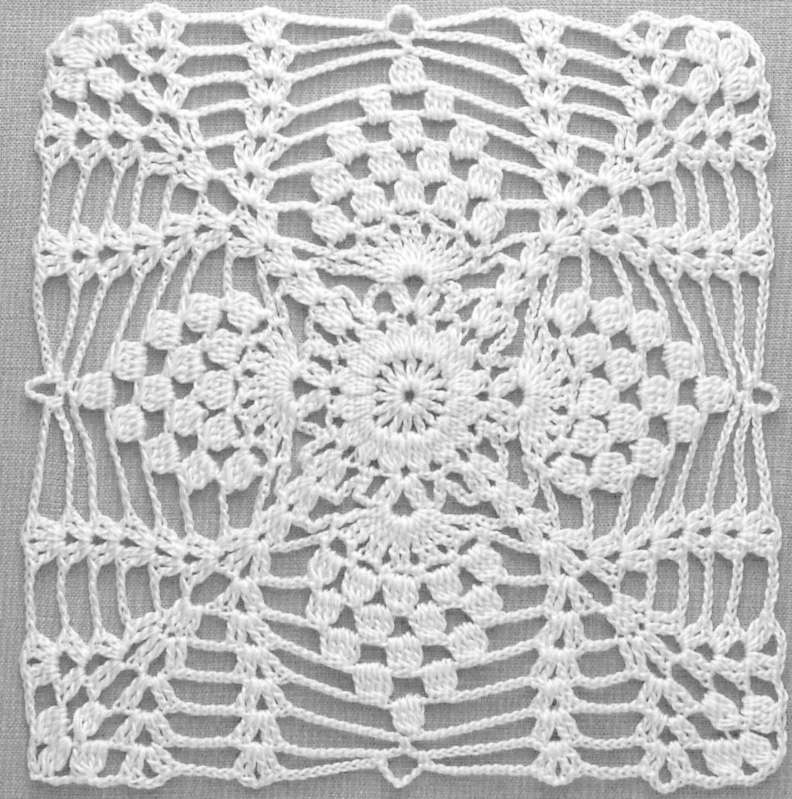

30 20cm

31 20cm

钩织方法 ➡ p.38 设计 / 制作　河合真弓

20cm 32

20cm 33

钩织方法 ▸ p.39

设计 / 制作 河合真弓

30

20cm

成品图 ►p.36

奥林巴斯 Emmy Grande
(804 原白色) … 17g
蕾丝钩针 0 号

31

20cm

成品图 ►p.36

奥林巴斯 Emmy Grande (804 原白色)… 10g
蕾丝钩针0号

32

20cm

成品图 ➸p.37

奥林巴斯　Emmy Grande

（804 原白色）… 16g

蕾丝钩针0号

33

20cm

成品图 ➸p.37

奥林巴斯　Emmy Grande

（804 原白色）… 14g

蕾丝钩针0号

钩织方法 ► p.42 设计 / 制作 34、35：武田敦子 36、37：风工房

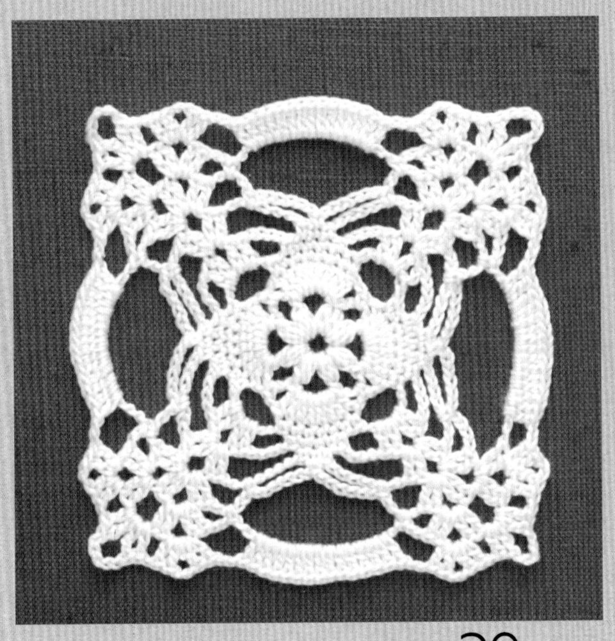

38 10cm

39 10cm

40 15cm

41 15cm

钩织方法 ▸ p.43 设计 / 制作 38、39：冈 真理子 40、41：武田敦子

34

10cm

成品图 ►p.40

奥林巴斯　Emmy Grande（804 原白色）…6g

钩针2/0号

36

15cm

成品图 ►p.40

奥林巴斯　Emmy Grande（804 原白色）…9g

钩针2/0号

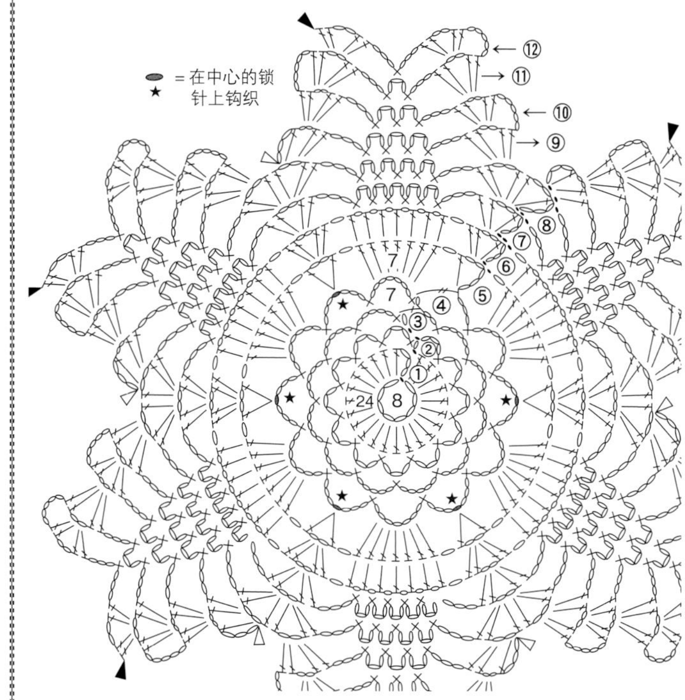

35

15cm

成品图 ►p.40

奥林巴斯　Emmy Grande（804 原白色）… 12g

钩针2/0号

37

15cm

成品图 ►p.40

奥林巴斯　Emmy Grande（804 原白色）… 10g

钩针2/0号

38

10cm

成品图 ►p.41

奥林巴斯 Emmy Grande
（851 霜白色）…5g
蕾丝钩针 0 号

40

15cm

成品图 ►p.41

奥林巴斯 Emmy Grande〈Herbs〉
（777 咖棕色）…8g
钩针 2/0 号

39

10cm

成品图 ►p.41

奥林巴斯 Emmy Grande
（851 霜白色）…3g
蕾丝钩针 0 号

41

15cm

成品图 ►p.41

奥林巴斯 Emmy Grande〈Herbs〉
（777 咖棕色）…8g
钩针2/0号

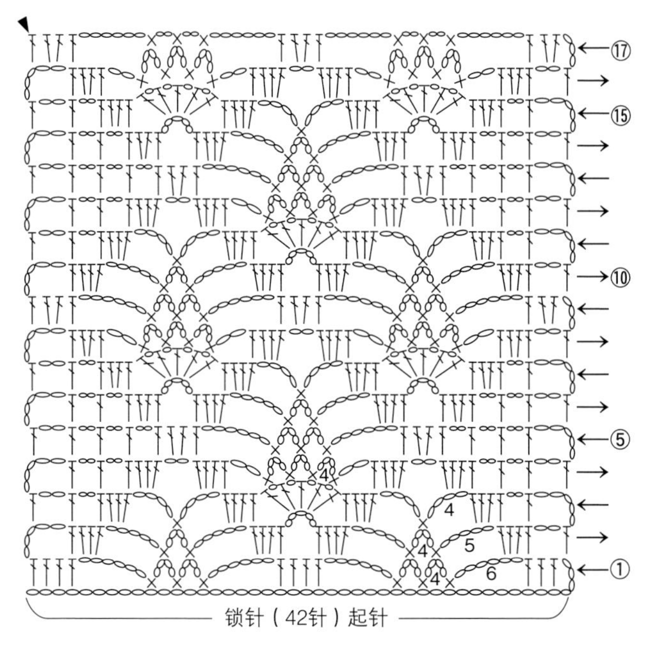

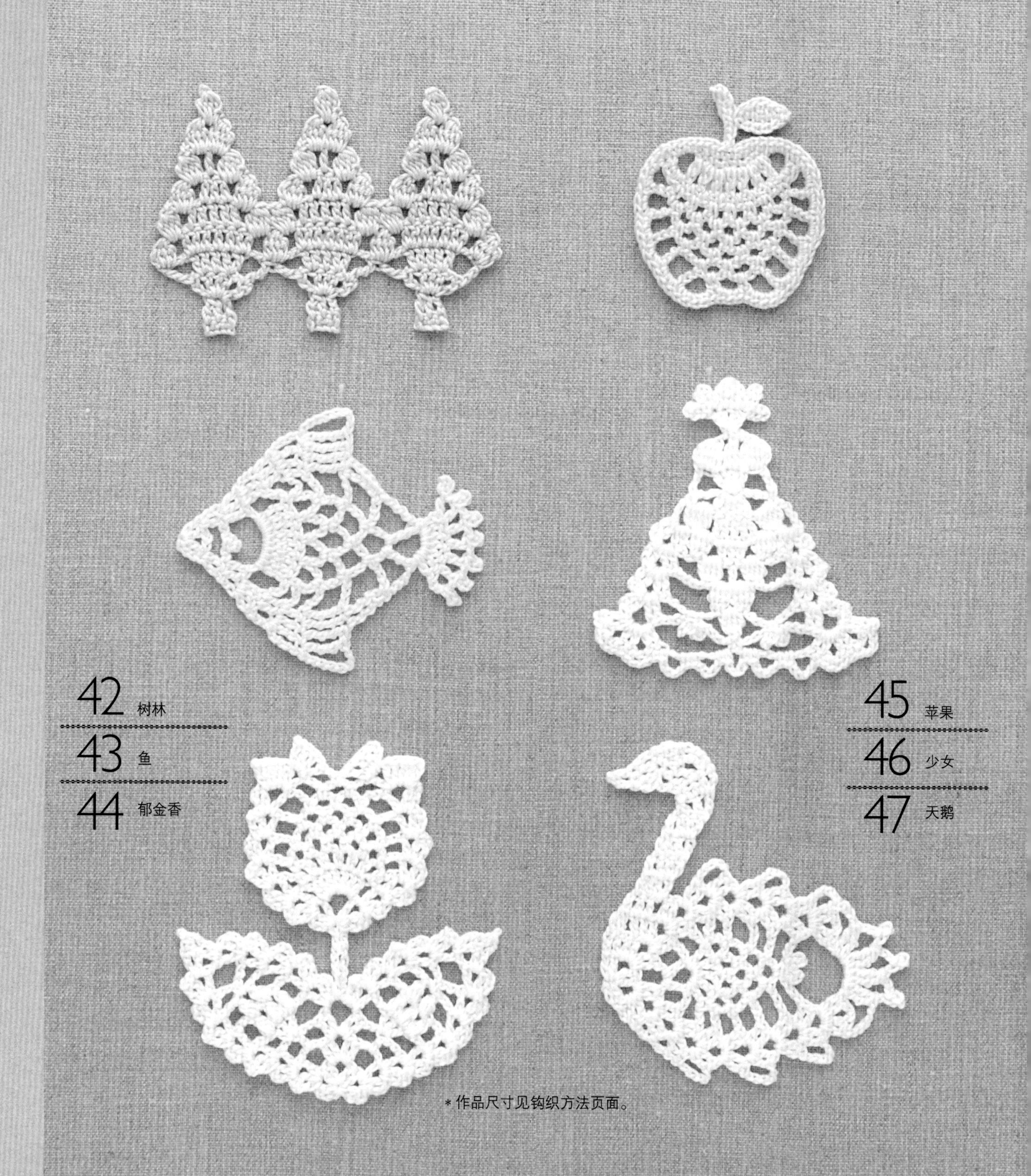

42 树林

43 鱼

44 郁金香

45 苹果

46 少女

47 天鹅

＊作品尺寸见钩织方法页面。

钩织方法 ► 42~45：p.46　46、47：p.47　设计/制作　冈 真理子

菠萝 48

爱心 49

草莓 50

＊作品尺寸见钩织方法页面。

钩织方法 ► 48、49：p.47　50：p.143　设计 / 制作　河合真弓

42

6.5cm×9.5cm

成品图 ►p.44

奥林巴斯　Emmy Grande

（243茶绿色）…2g

蕾丝钩针0号

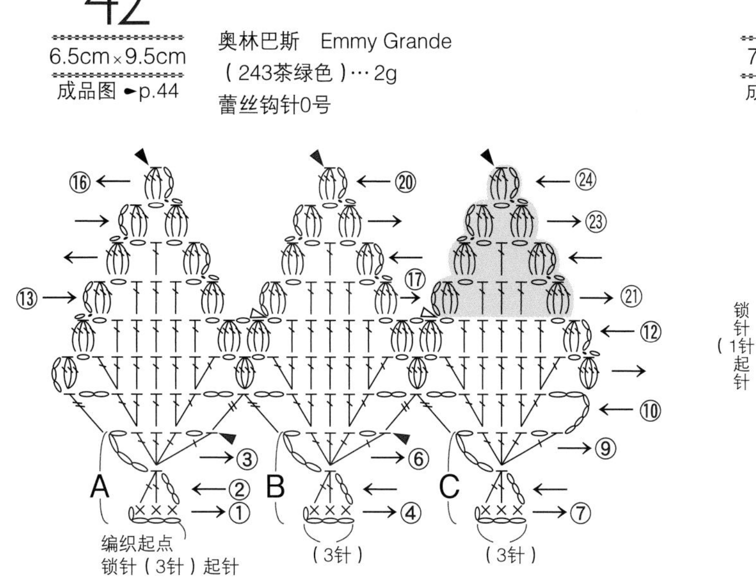

※为了便于理解，按照钩织的顺序标记行数

※在第10行，按照C、B、A的顺序，使用C的线将分别钩织的3个部分连接，继续钩织

※在第13行，按照图解，再将3个部分分开钩织

43

7cm×8.5cm

成品图 ►p.44

奥林巴斯　Emmy Grande

（361粉蓝色）…1g

蕾丝钩针0号

锁针（1针）起针

① ② ③ ④ ⑤ ⑧ ⑩ ⑪

44

高 10cm

成品图 ►p.44

奥林巴斯　Emmy Grande

（851 霜白色）…2g

蕾丝钩针0号

45

高 6cm

成品图 ►p.44

奥林巴斯　Emmy Grande

（161贝壳粉色）…1g

蕾丝钩针0号

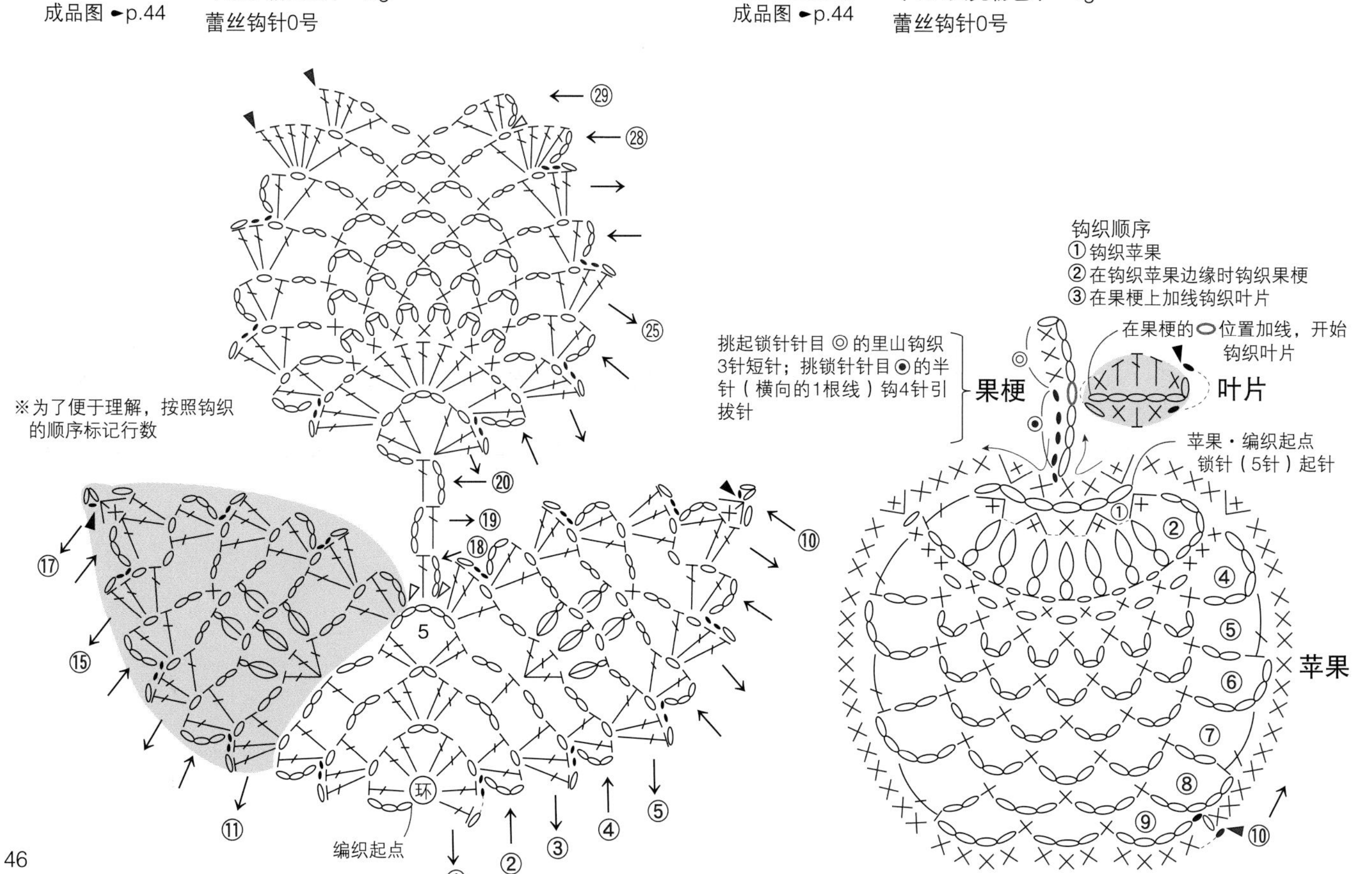

46

高 8cm

成品图 ►p.44

奥林巴斯　Emmy Grande

（851 霜白色）…2g

蕾丝钩针 0 号

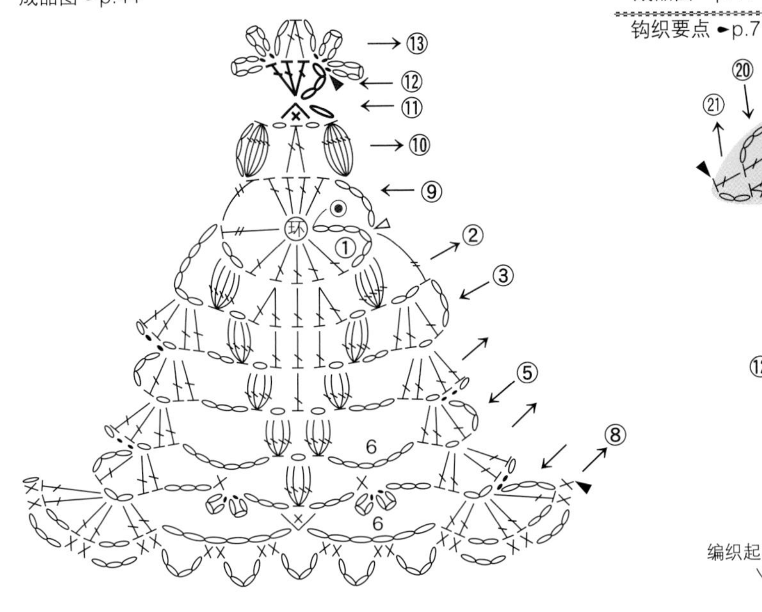

环 =第9行钩织完成后，将线环抽紧　◉ =编织起点

（第11、12行）= 钩1针锁针作为立针，再钩织短针2针并1针。继续钩3针锁针作为立针，在短针2针并1针的针目中钩出3针长针

47

高 9cm

成品图 ►p.44

钩织要点 ►p.7

奥林巴斯　Emmy Grande

（851 霜白色）…2g

蕾丝钩针 0 号

（第16行）= 1针中长针和1针短针2针并1针

编织起点

48

高 7.5cm

成品图 ►p.45

奥林巴斯

Emmy Grande〈Herbs〉（560 浅黄色）…2g

（273 柳绿色）… 少许

蕾丝钩针2号

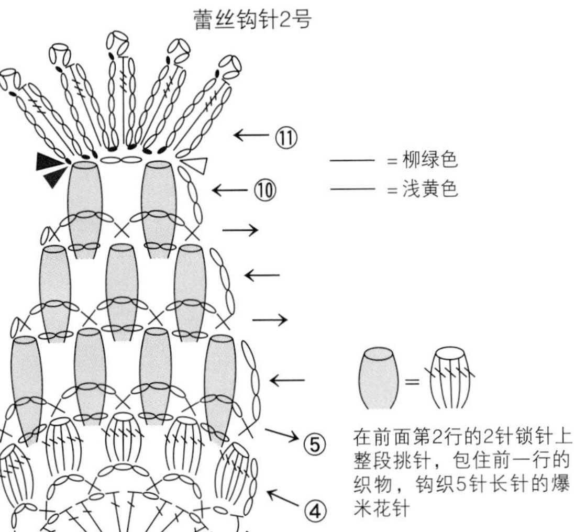

—— = 柳绿色

—— = 浅黄色

在前面第2行的2针锁针上整段挑针，包住前一行的织物，钩织5针长针的爆米花针

锁针（1针）起针

49

尺寸…参照图示

成品图 ►p.45

奥林巴斯　Emmy Grande

（851 霜白色）…2g

蕾丝钩针2号

7.5cm

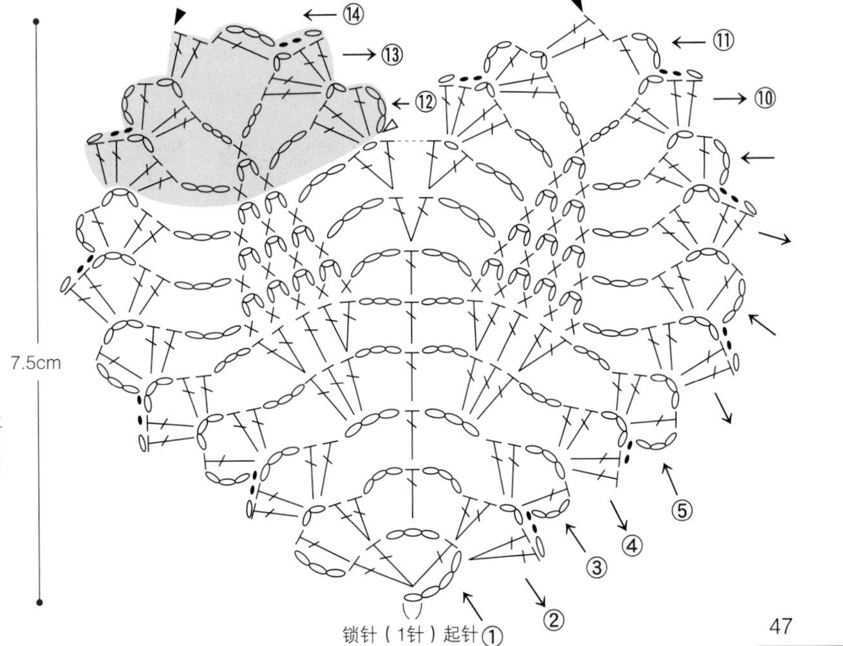

锁针（1针）起针

Part

Ⅲ

镂空花样

重复钩织锁针和短针，钩织出流畅灵动的镂空花样。钩织的方法并不复杂，非常值得推荐给初学者尝试。再加上狗牙拉针的点缀，更添华丽高雅的风格。

51 15cm

52 20cm

钩织方法 ▸ p.50

设计 / 制作　河合真弓

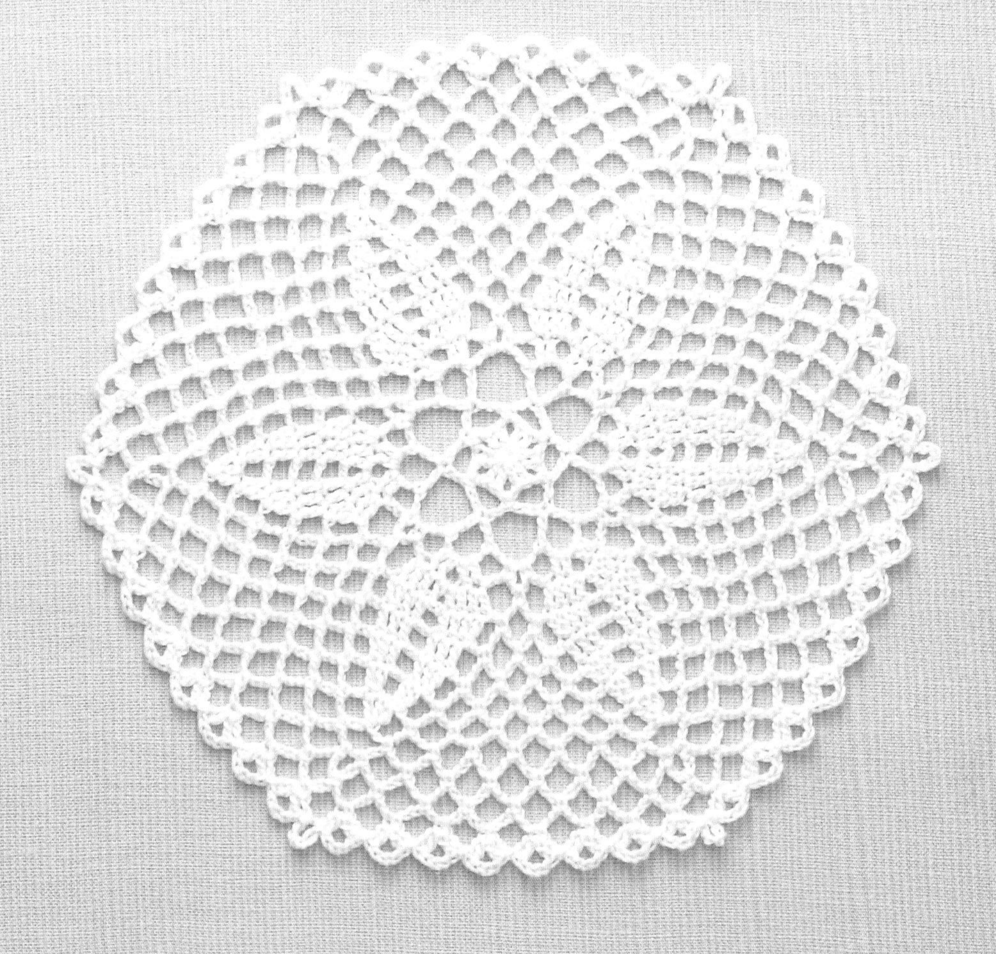

20cm 53

20cm 54

钩织方法 ▸ p.51 设计 / 制作 SACHIYO ＊ FUKAO

51

15cm

成品图 ➸p.48

奥林巴斯　Emmy Grande
(804 原白色)…7g
蕾丝钩针 0 号

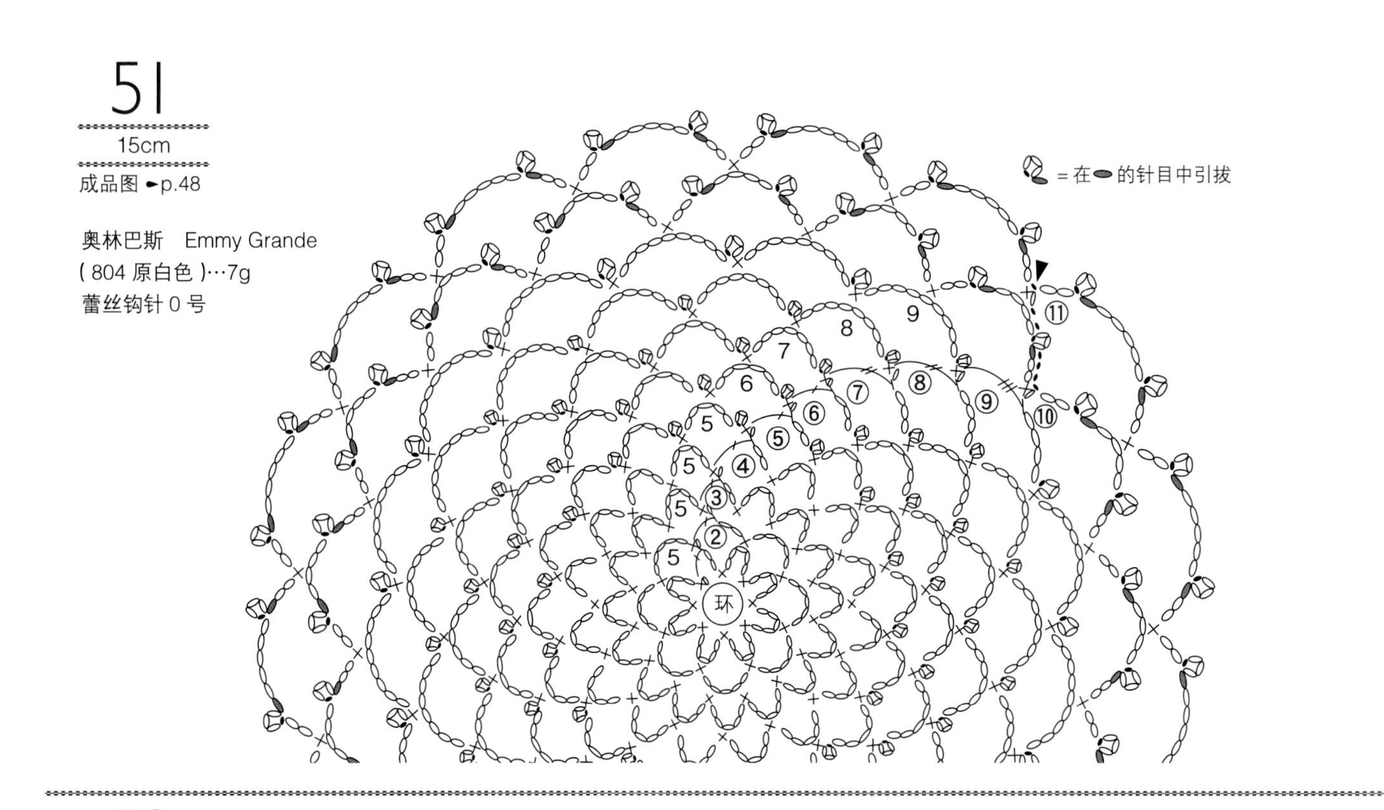

52

20cm

成品图 ➸p.48

奥林巴斯　Emmy Grande (804 原白色)… 12g
蕾丝钩针 0 号

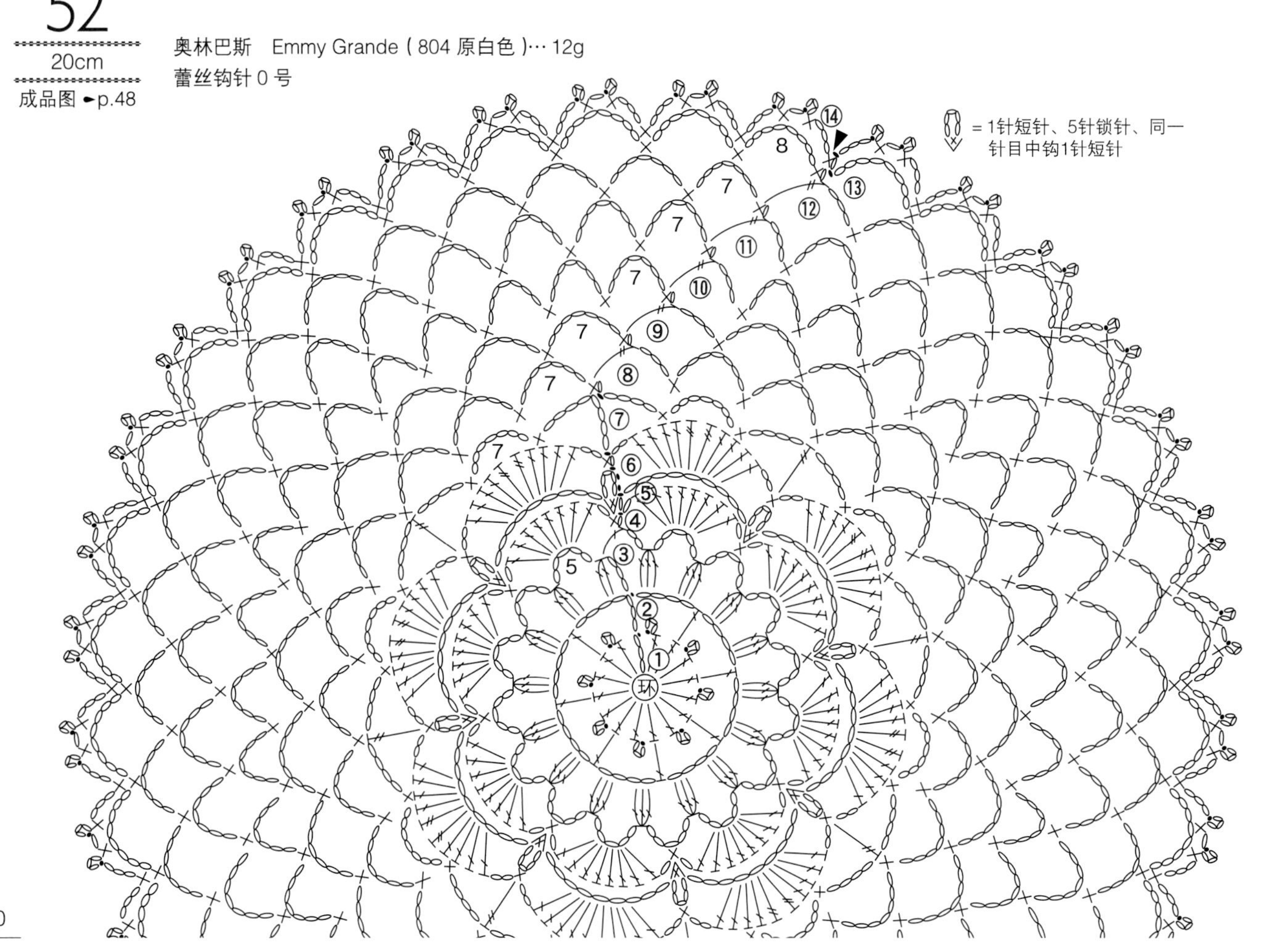

53

20cm

成品图 ➸p.49

奥林巴斯 Emmy Grande
(804 原白色)…12g
钩针 2/0 号

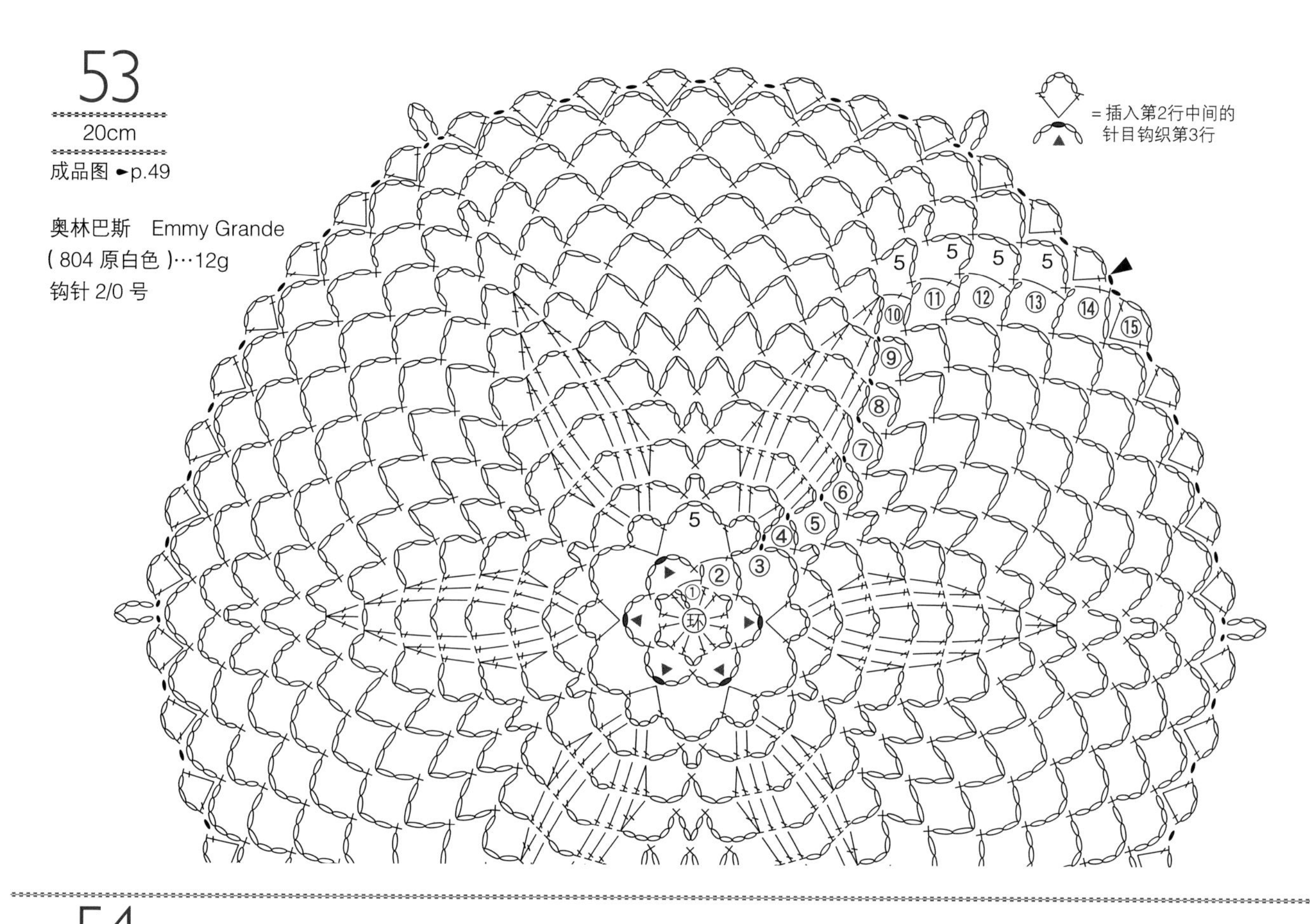

54

20cm

成品图 ➸p.49

奥林巴斯 Emmy Grande
(804 原白色)… 15g
钩针 2/0 号

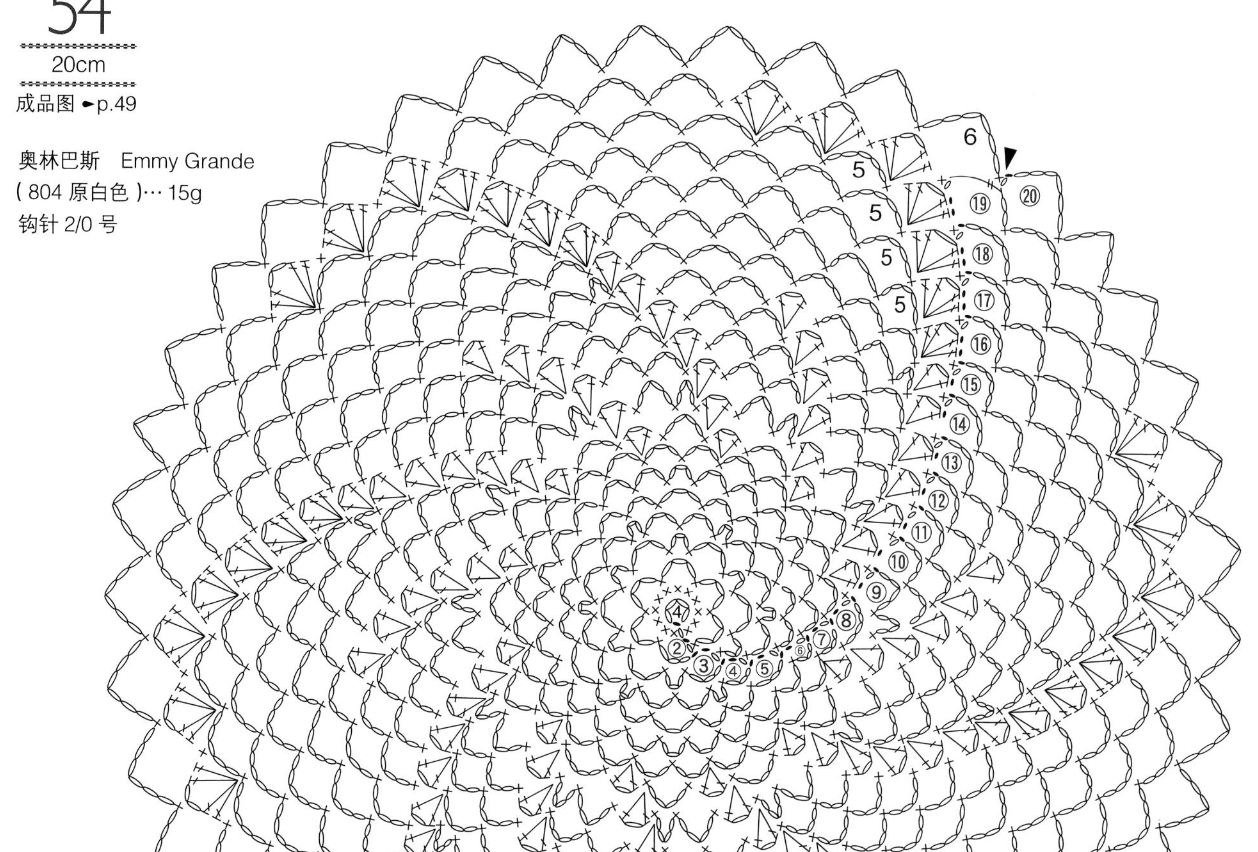

55 15cm
56 15cm
57 15cm
58 10cm

钩织方法 ► p.54 设计 / 制作 55~57：芹泽圭子 58：河合真弓

20cm 59

20cm 60

钩织方法 ➸ p.55　设计 / 制作　SACHIYO ＊ FUKAO

55

15cm

成品图 ►p.52

奥林巴斯　Emmy Grande（804 原白色）… 9g

蕾丝钩针 0 号

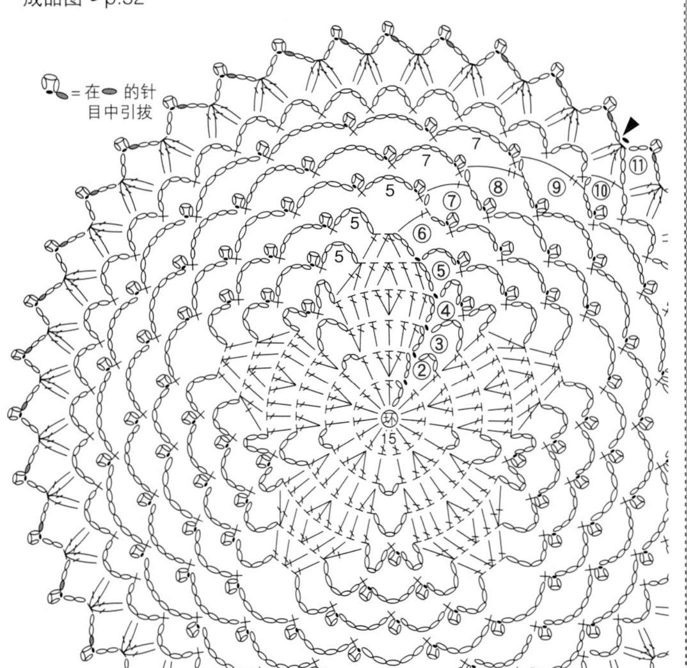

57

15cm

成品图 ►p.52

奥林巴斯　Emmy Grande（804 原白色）… 12g

蕾丝钩针 0 号

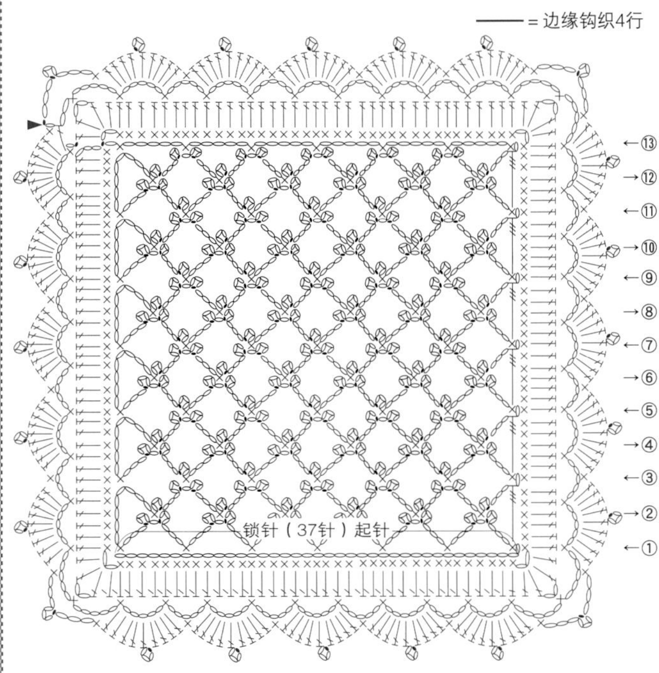

56

15cm

成品图 ►p.52

奥林巴斯　Emmy Grande（804 原白色）… 11g

蕾丝钩针 0 号

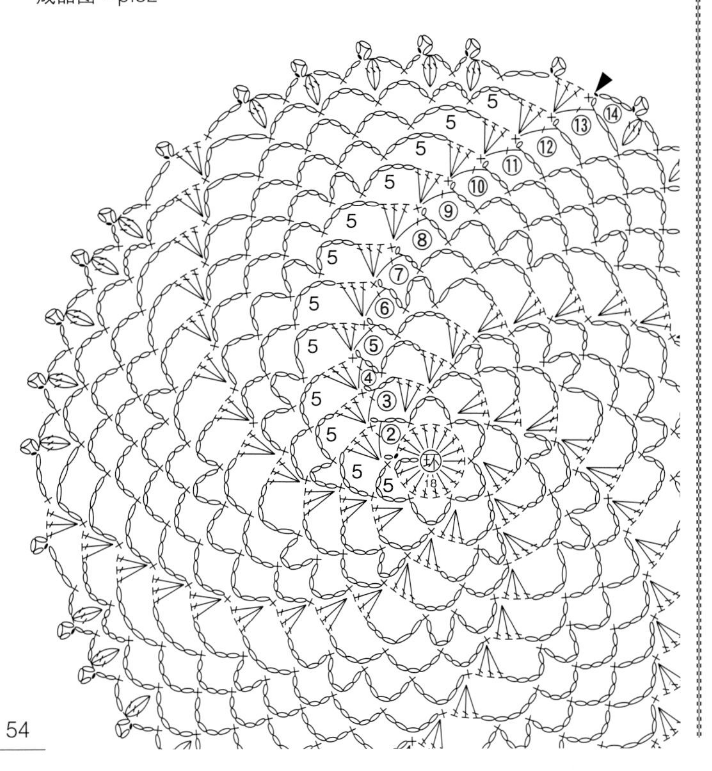

58

10cm

成品图 ►p.52

奥林巴斯　Emmy Grande（804 原白色）… 5g

蕾丝钩针 0 号

59

20cm

成品图 ►p.53

奥林巴斯
Emmy Grande
（804 原白色）…10g
钩针 2/0 号

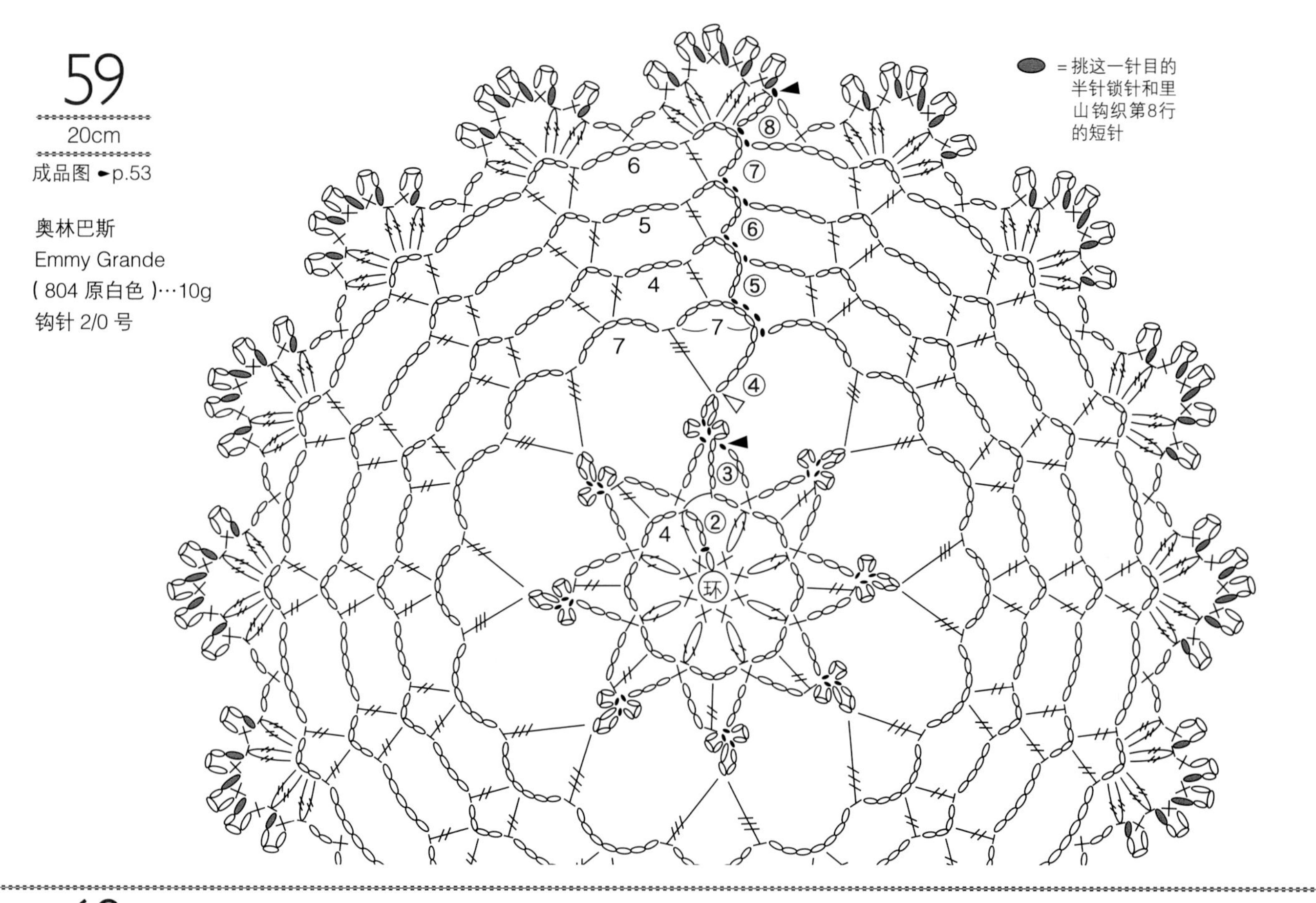

60

20cm

成品图 ►p.53

奥林巴斯　Emmy Grande（804 原白色）… 10g
钩针 2/0 号

= 1针短针、4针锁针、同一针目中钩1针短针

= 挑这一针目的半针锁针和里山钩织第11行的短针

61 15cm

62 20cm

钩织方法► 61：p.58　62：p.59　设计/制作　河合真弓

20cm 63

20cm 64

钩织方法 ► 63：p.59　64：p.58　设计/制作　冈 真理子

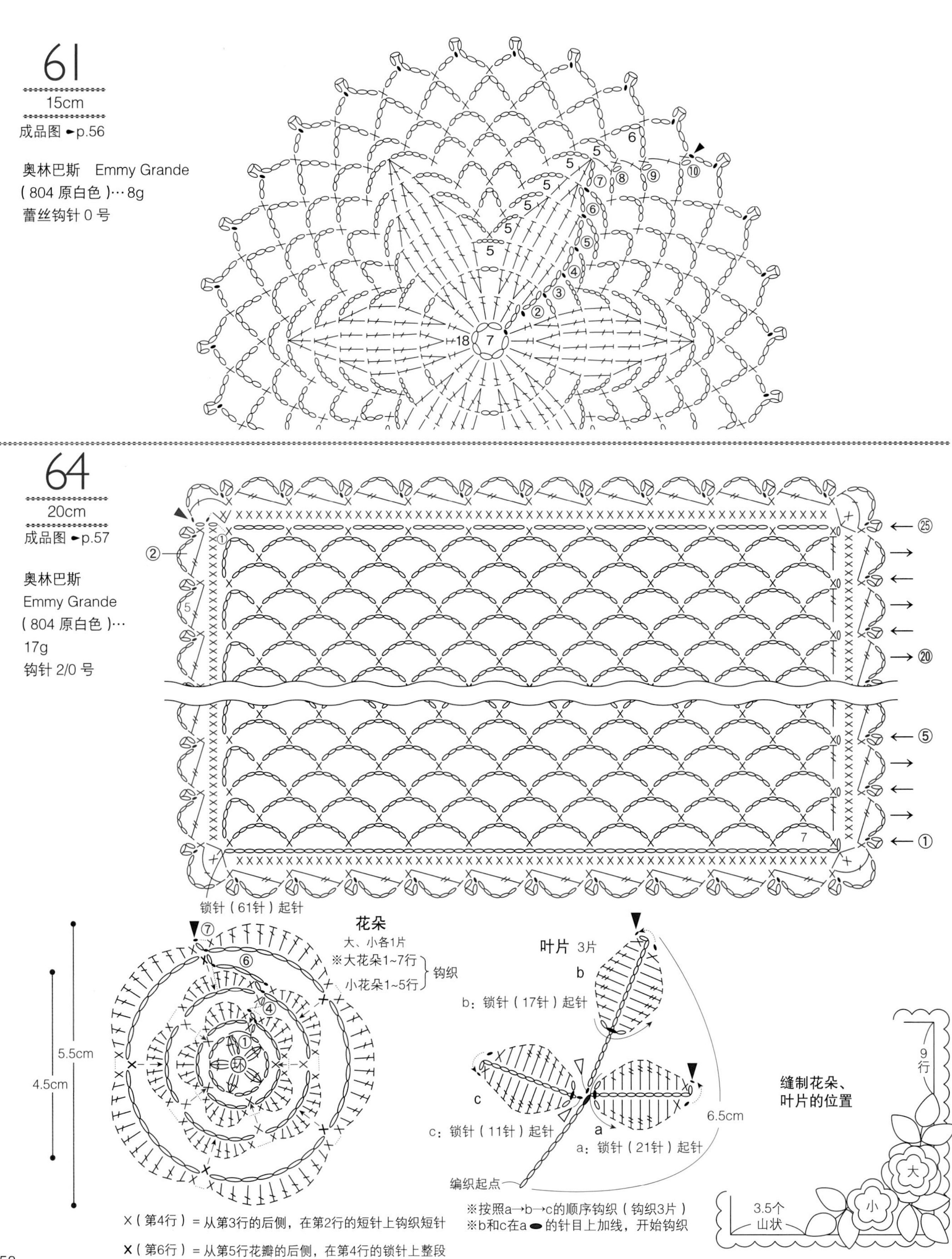

61
15cm
成品图 ➡p.56
奥林巴斯 Emmy Grande
(804 原白色)…8g
蕾丝钩针 0 号
64
20cm
成品图 ➡p.57
奥林巴斯
Emmy Grande
(804 原白色)…
17g
钩针 2/0 号
锁针（61针）起针
花朵
大、小各1片
※大花朵1~7行
小花朵1~5行
钩织
5.5cm
4.5cm
叶片 3片
b：锁针（17针）起针
c：锁针（11针）起针
a：锁针（21针）起针
6.5cm
编织起点
※按照a→b→c的顺序钩织（钩织3片）
※b和c在a ● 的针目上加线，开始钩织
缝制花朵、
叶片的位置
9行
3.5个
山状
大
小
X（第4行）= 从第3行的后侧，在第2行的短针上钩织短针
X（第6行）= 从第5行花瓣的后侧，在第4行的锁针上整段挑针，钩织短针

62

20cm

成品图 ►p.56

奥林巴斯
Emmy Grande
(804 原白色)… 14g
蕾丝钩针 0 号

63

20cm

成品图 ►p.57

奥林巴斯　Emmy Grande
(804 原白色) … 4g
(288 苔绿色) … 3g
Emmy Grande〈Herbs〉
(141 桃红色) (119 浅莓粉色) …
各 2g
钩针 2/0 号

配色表

行数	色号
⑫	288
⑪	141
⑧～⑩	804
⑥、⑦	141
⑤	119
②～④	804
①	119

Part

IV

方眼花样

钩织长针填充方格，展现出钩编的方眼花样。从常见的花草、动物，到充满节日氛围的圣诞节、万圣节装饰，这里介绍了一系列大受欢迎的图案。

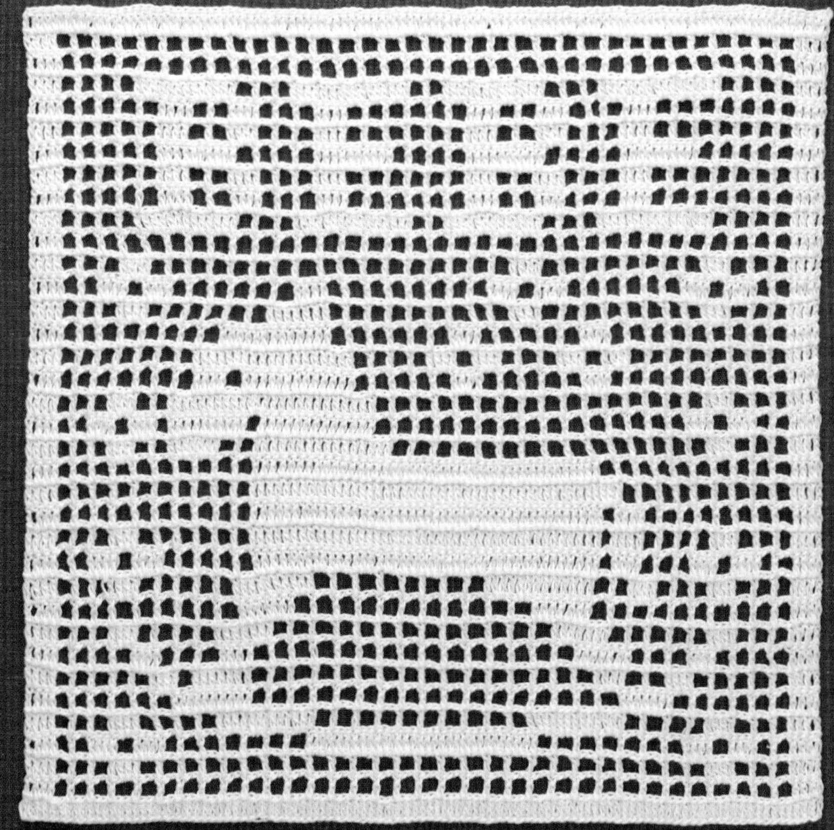

65 20cm

66 30cm

钩织方法 ▸ p.62 设计 / 制作 河合真弓

45cm × 32cm 67

钩织方法 ▸ p.63 设计 / 制作　镰田惠美子

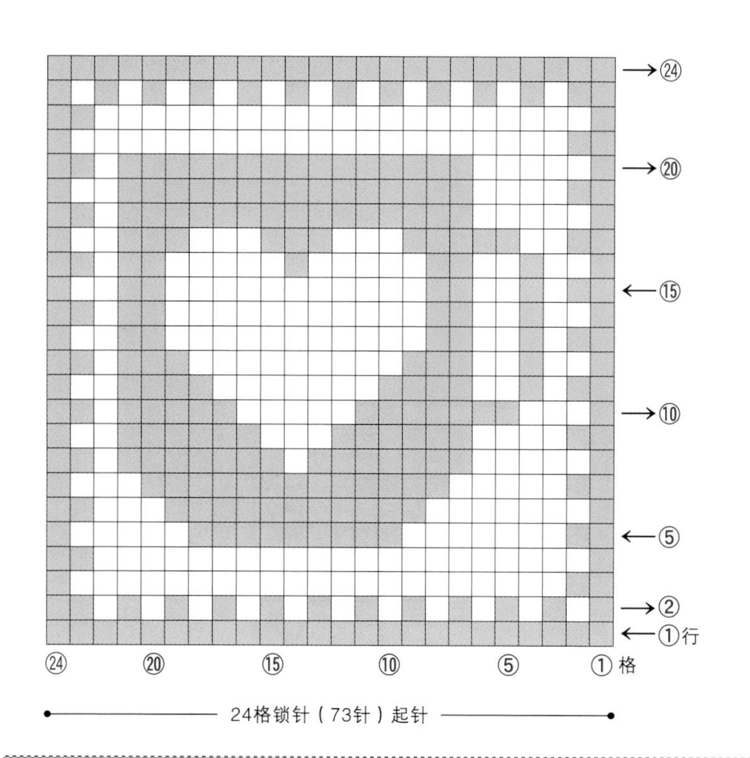

65

20cm

成品图 ➨p.60

奥林巴斯　Emmy Grande（804 原白色）… 17g
蕾丝钩针0号

66

30cm

成品图 ➨p.60

奥林巴斯　Emmy Grande
（804 原白色）… 33g
蕾丝钩针0号

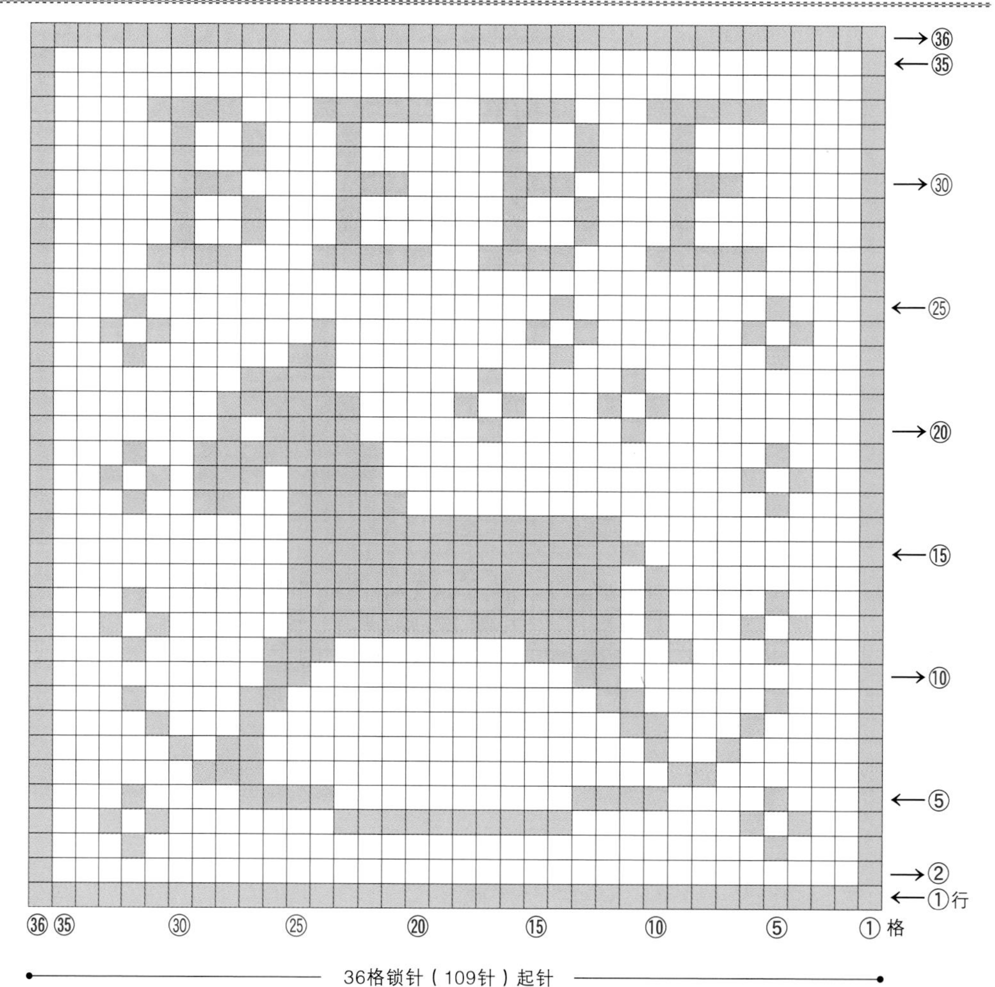

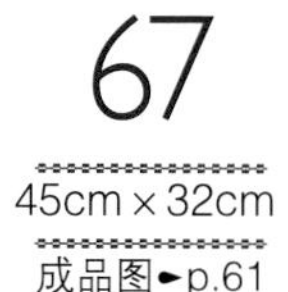

45cm×32cm

成品图►p.61

奥林巴斯　Emmy Grande（804 原白色）…60g

蕾丝钩针0号

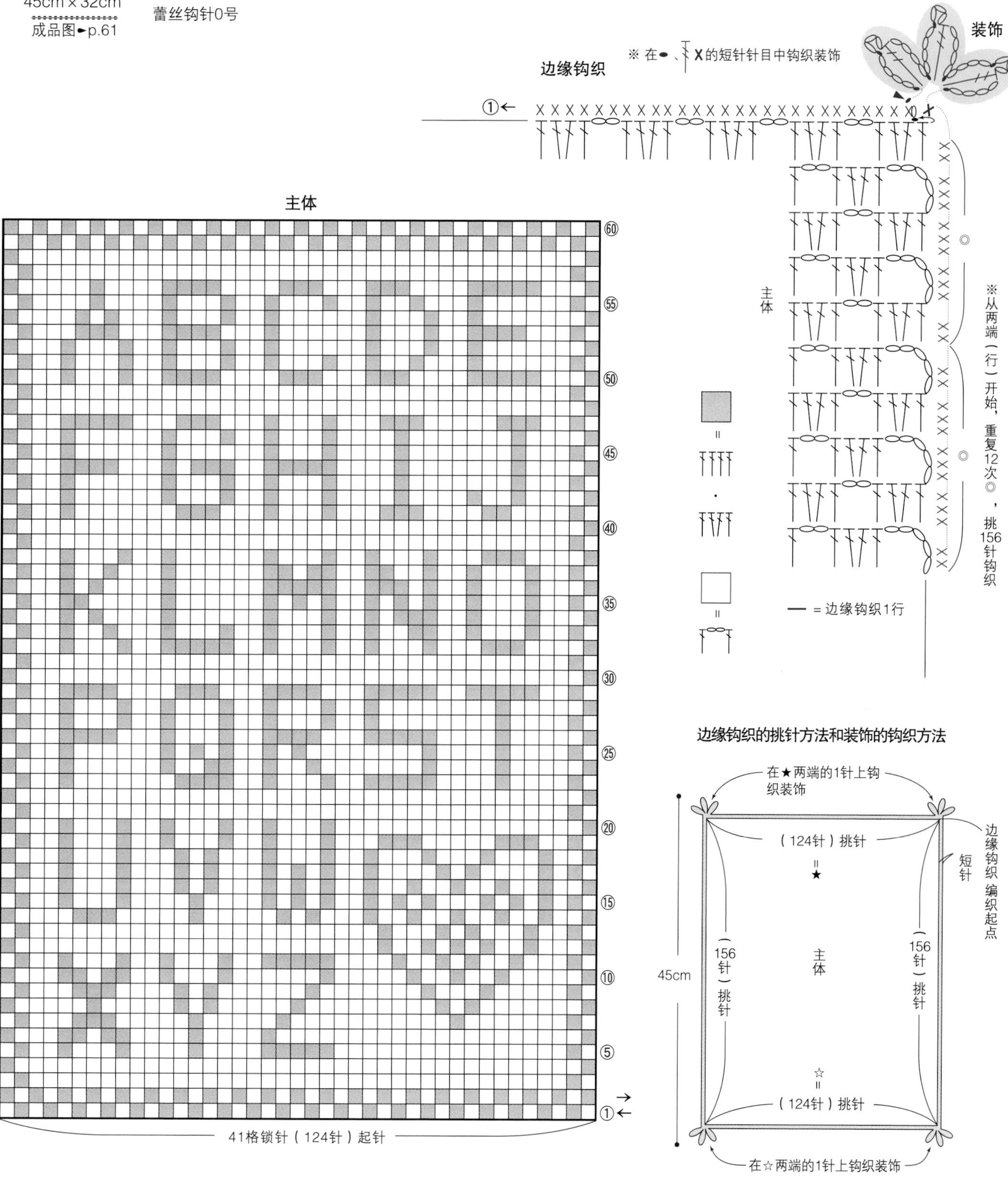

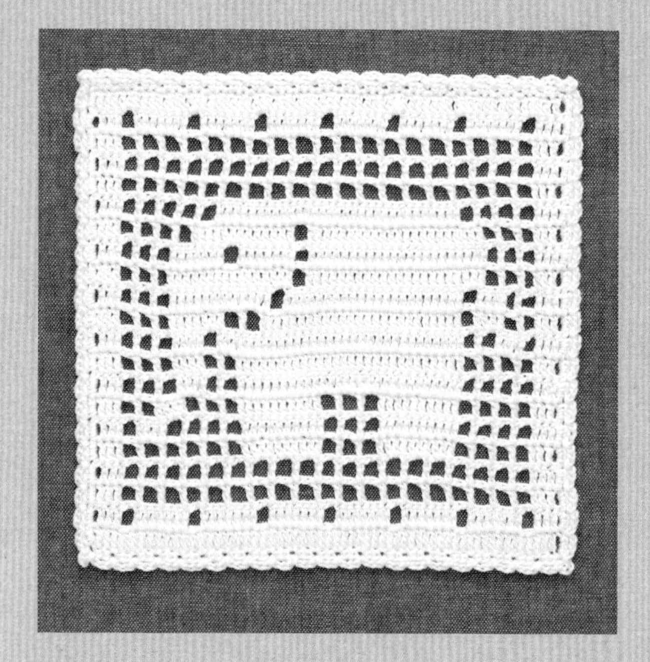

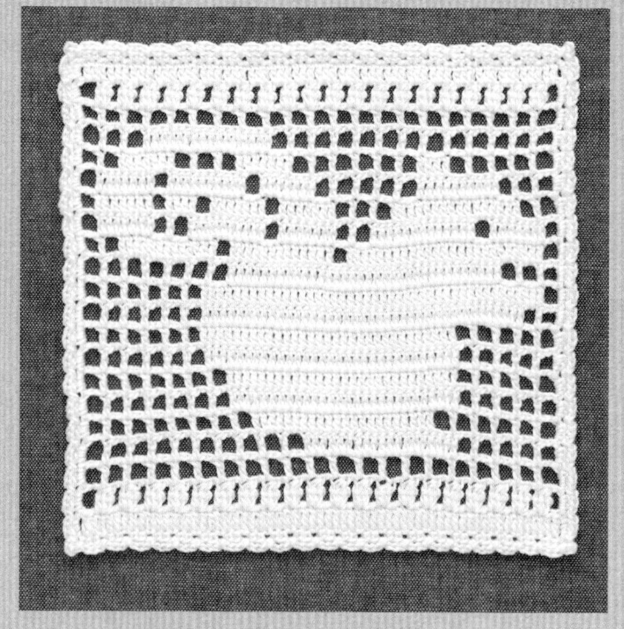

68 15cm

69 15cm

70 30cm

钩织方法 ▸ p.66 设计 / 制作 SACHIYO ✽ FUKAO

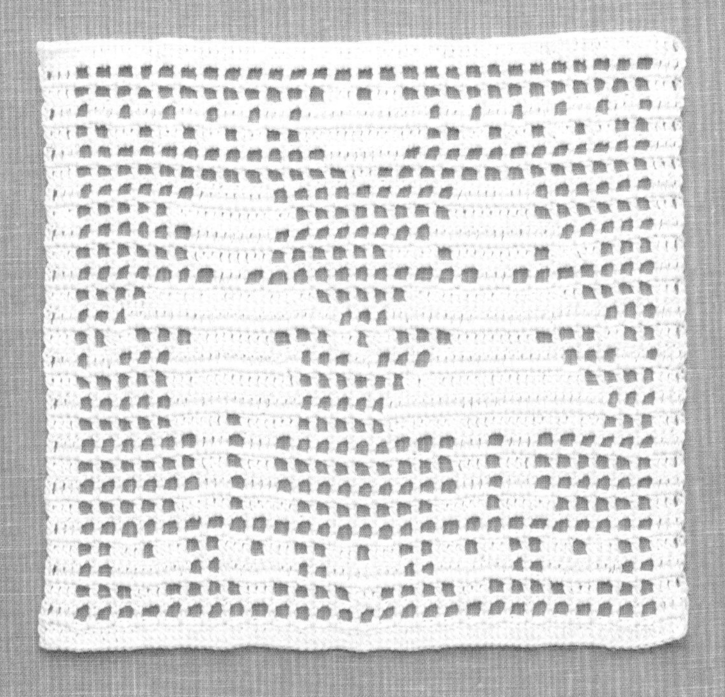

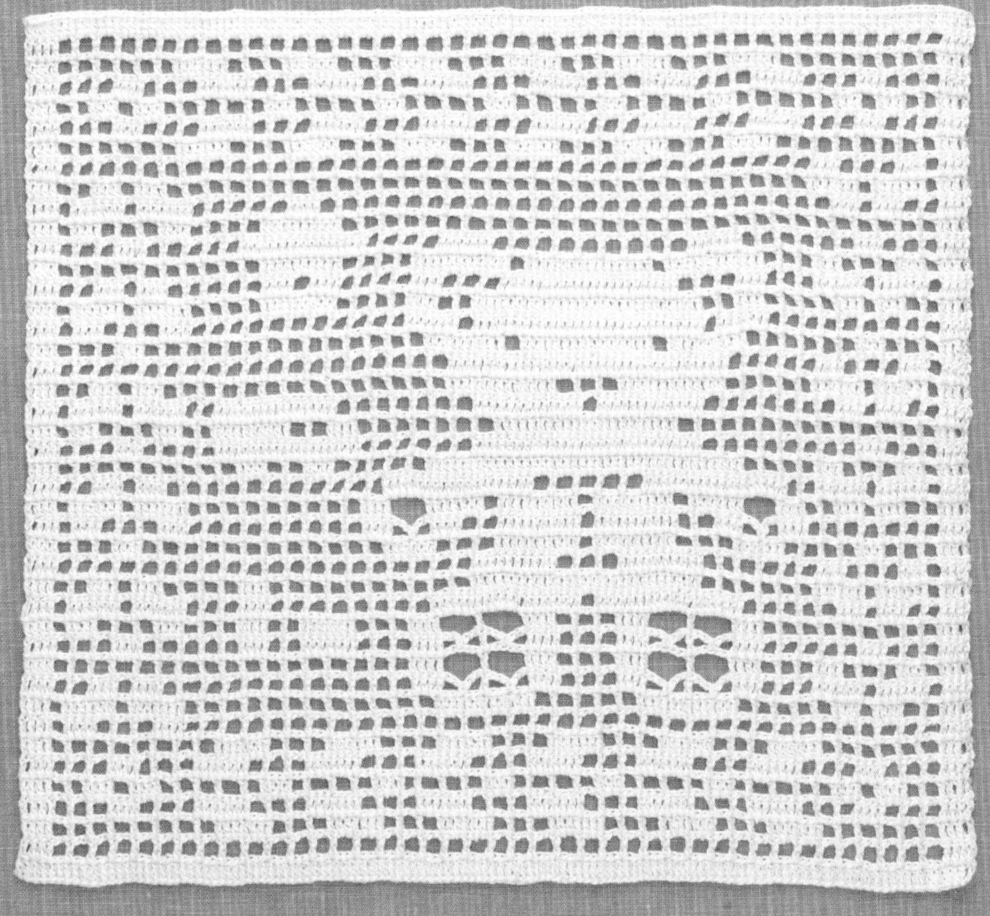

20cm 71

30cm 72

钩织方法 ► p.67 设计 / 制作 武田敦子

68

15cm

成品图►p.64

奥林巴斯　Emmy Grande（804 原白色）… 14g

钩针2/0号

— ＝边缘钩织2行

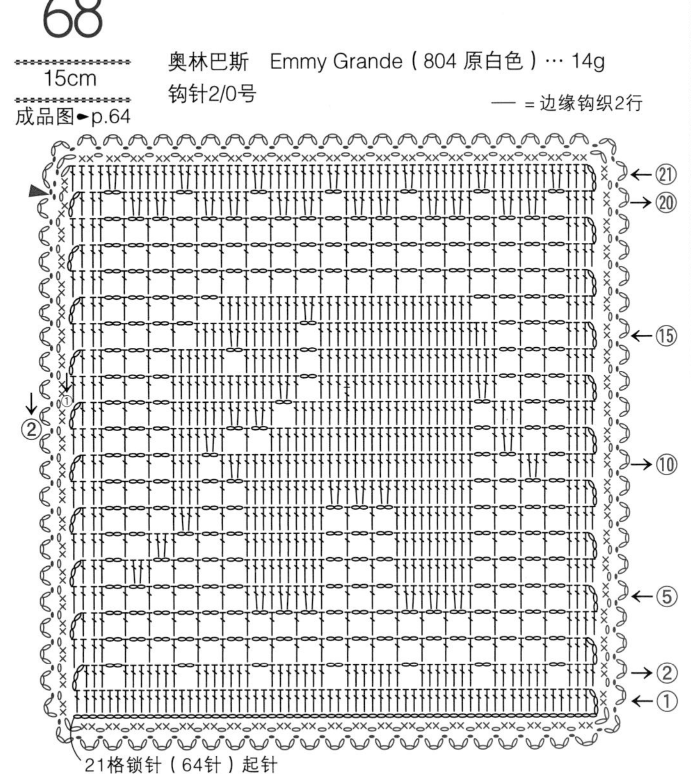

69

15cm

成品图►p.64

奥林巴斯　Emmy Grande（804 原白色）… 14g

钩针2/0号

— ＝边缘钩织2行

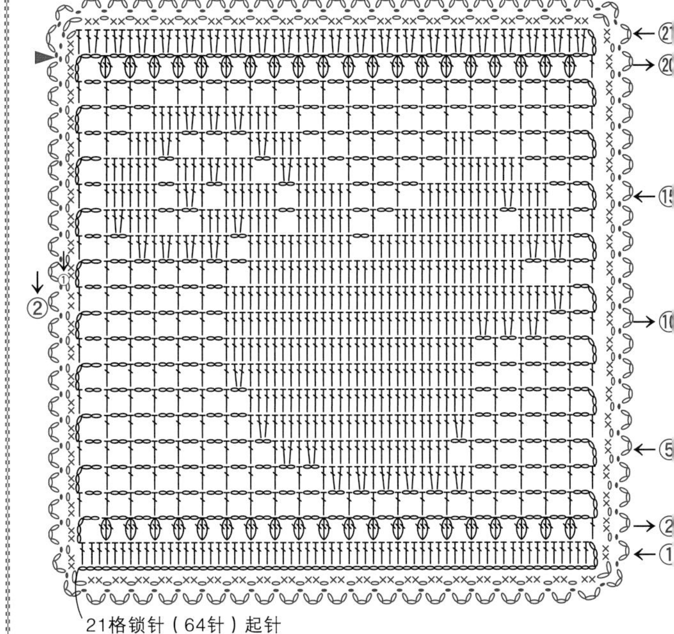

70

30cm

成品图►p.64

奥林巴斯　Emmy Grande

（804 原白色）…44g

钩针2/0号

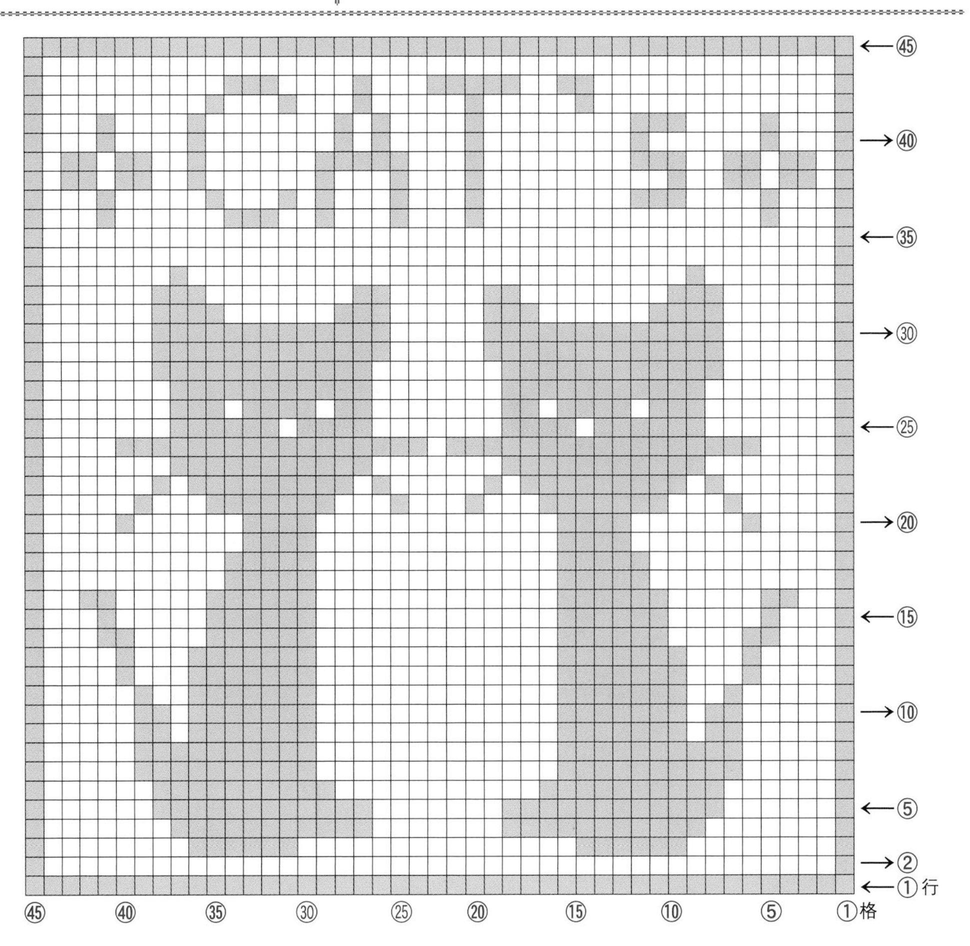

71

20cm

成品图 ►p.65

奥林巴斯 Emmy Grande（801 白色）…20g

蕾丝钩针0号、2号

＊第1行和第29行使用2号蕾丝钩针，第2~28行使用0号蕾丝钩针钩织

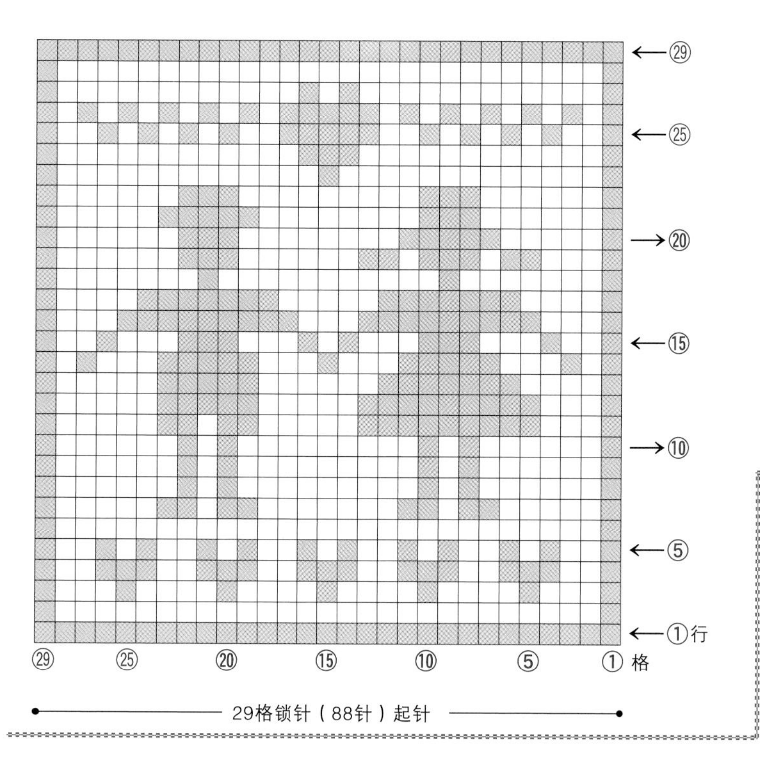

72

30cm

成品图 ►p.65

奥林巴斯 Emmy Grande（801 白色）…43g

蕾丝钩针0号、2号

＊第1行和第43行使用2号蕾丝钩针，第2~42行使用0号蕾丝钩针钩织

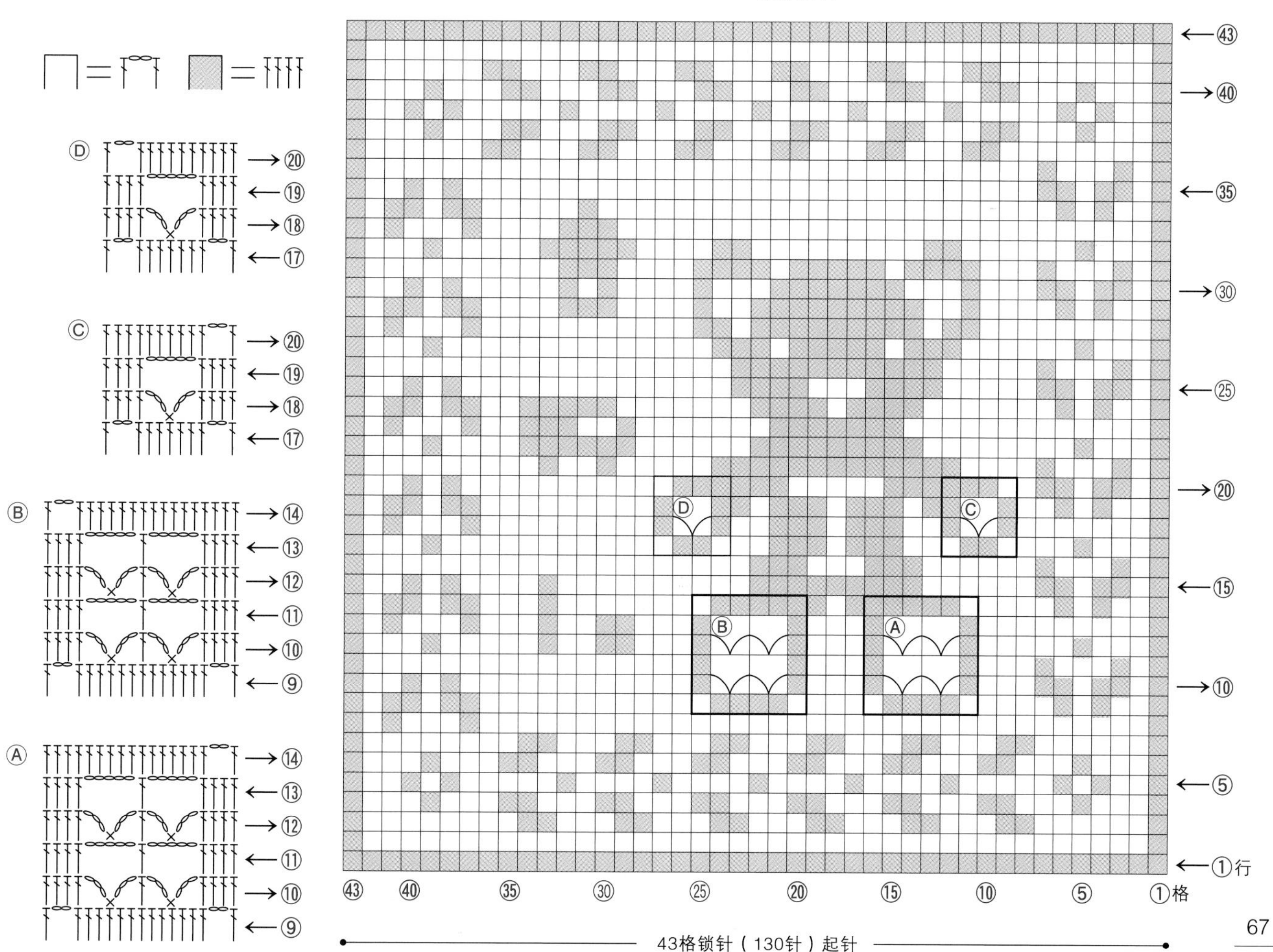

73 20cm

74 20cm

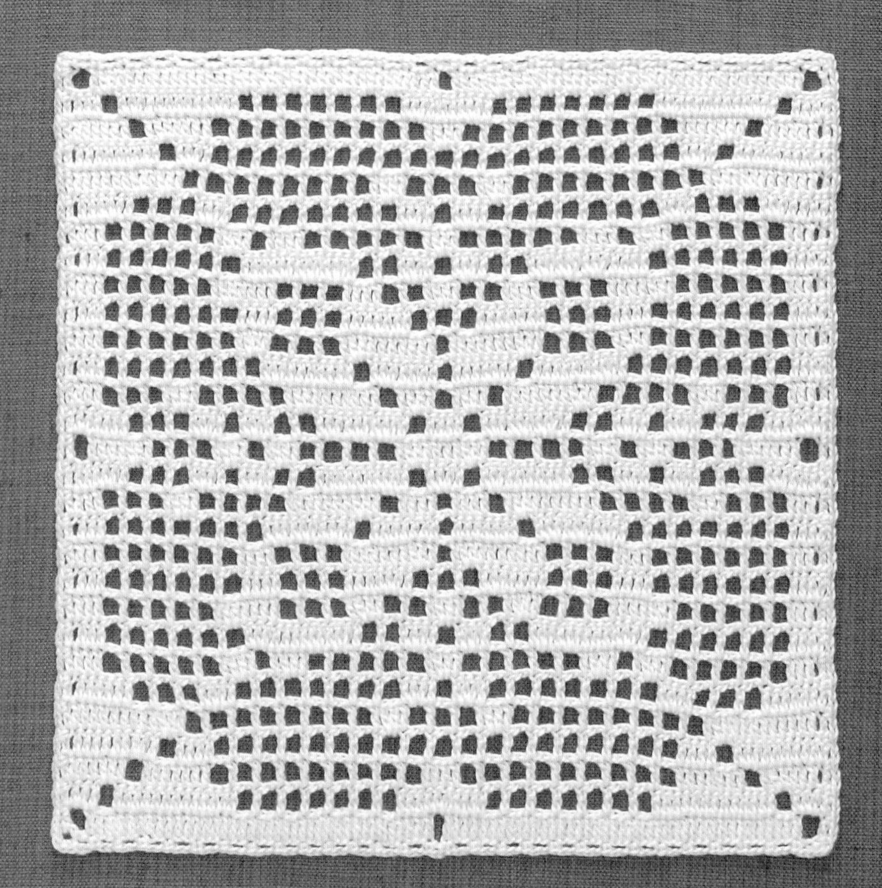

钩织方法 ▸ p.70 设计 / 制作 SACHIYO ＊ FUKAO

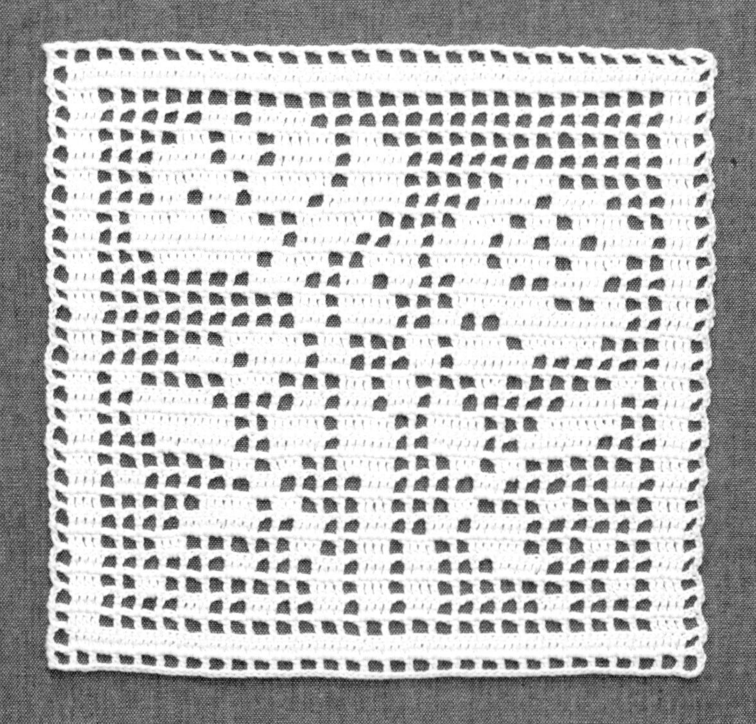

20cm 75

30cm 76

钩织方法 ➡ p.71 设计 / 制作 风工房

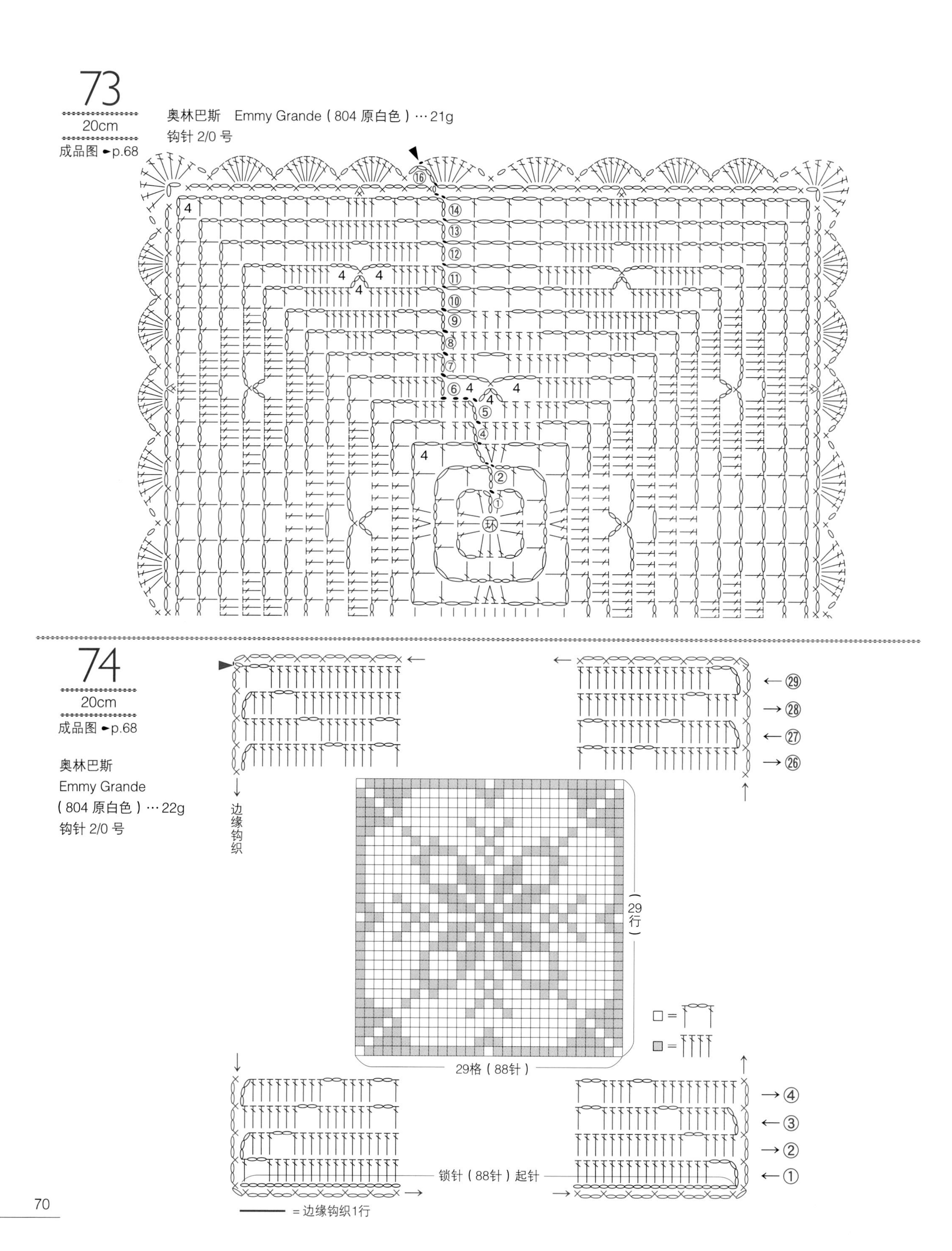
73
20cm
成品图 ►p.68
奥林巴斯　Emmy Grande（804 原白色）…21g
钩针 2/0 号
74
20cm
成品图 ►p.68
奥林巴斯
Emmy Grande
（804 原白色）…22g
钩针 2/0 号
边缘钩织
（29行）
29格（88针）
锁针（88针）起针
= 边缘钩织1行

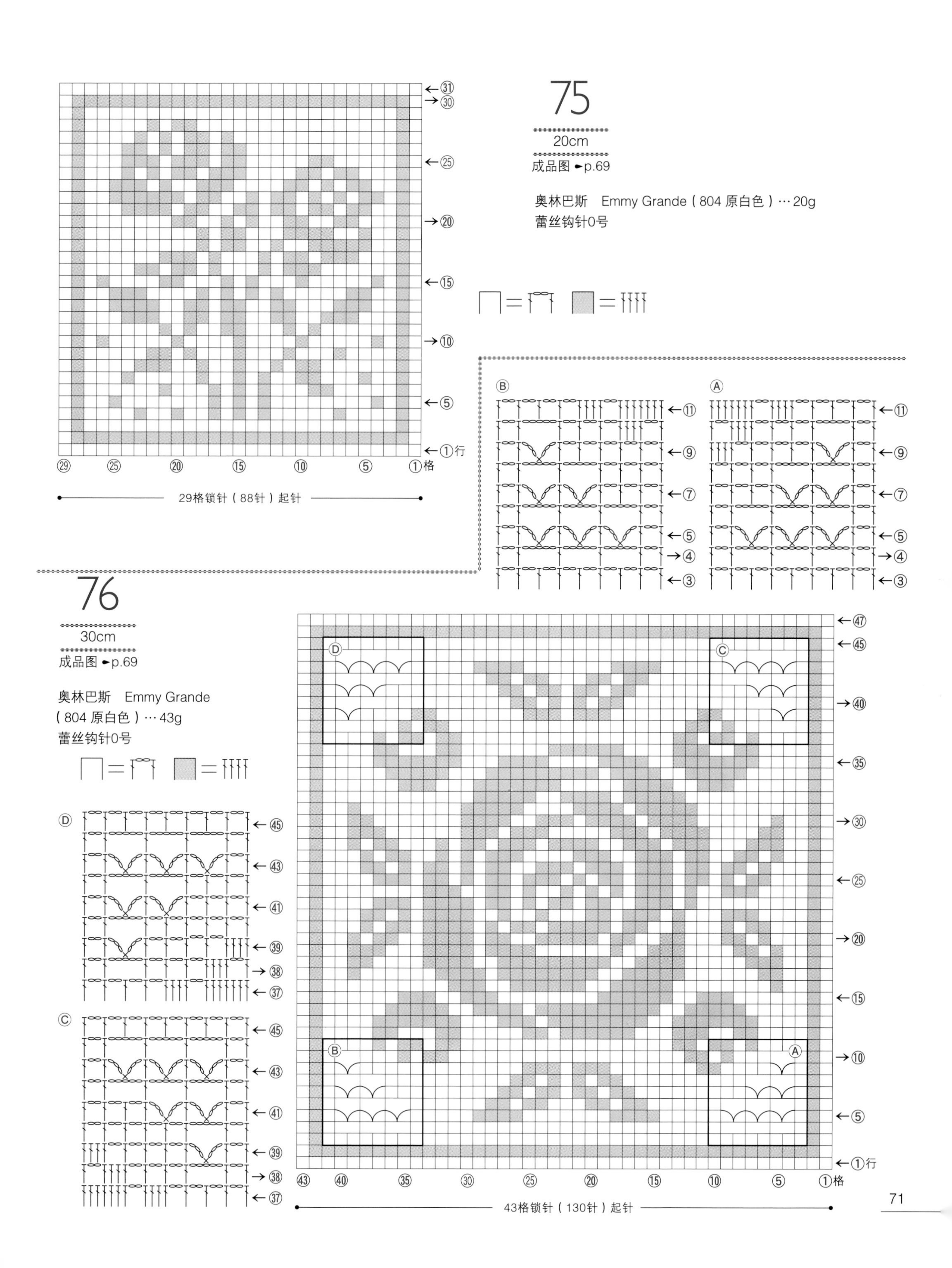

75
20cm
成品图 ►p.69
奥林巴斯 Emmy Grande（804 原白色）…20g
蕾丝钩针0号
29格锁针（88针）起针
①行
①格
Ⓐ
Ⓑ
76
30cm
成品图 ►p.69
奥林巴斯 Emmy Grande
（804 原白色）…43g
蕾丝钩针0号
Ⓒ
Ⓓ
43格锁针（130针）起针
①行
①格

77 20cm

78 30cm

钩织方法 ► p.74 设计 / 制作 远藤 HIROMI

20cm 79

20cm 80

钩织方法 ▸ p.75 设计 / 制作 远藤 HIROMI

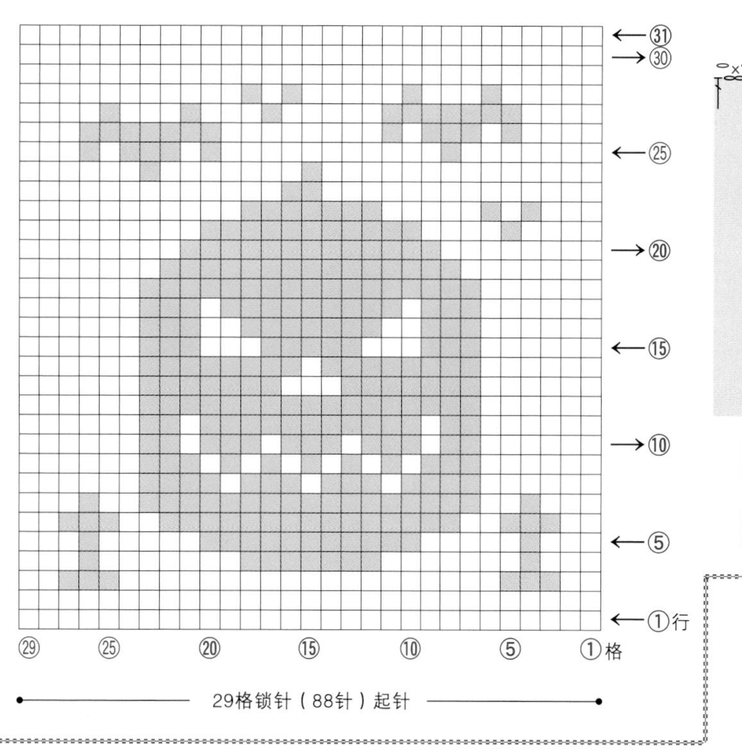

边缘钩织

编织终点

重复

加线

重复

77

20cm

成品图►p.72

奥林巴斯 Emmy Grande〈Herbs〉

（171 橘红色）…20g

（745 可可棕色）…4g

蕾丝钩针2号

＊主体使用橘红色，边缘使用可可棕色钩织

78

30cm

成品图►p.72

奥林巴斯 Emmy Grande（851 霜白色）…45g

Emmy Grande〈Herbs〉（190 中国红色）…3g

蕾丝钩针2号、4号

＊主体使用霜白色，边缘使用中国红色钩织

＊第1~30行使用2号蕾丝钩针，第31~47行使用4号蕾丝钩针，边缘使用2号蕾丝钩针钩织

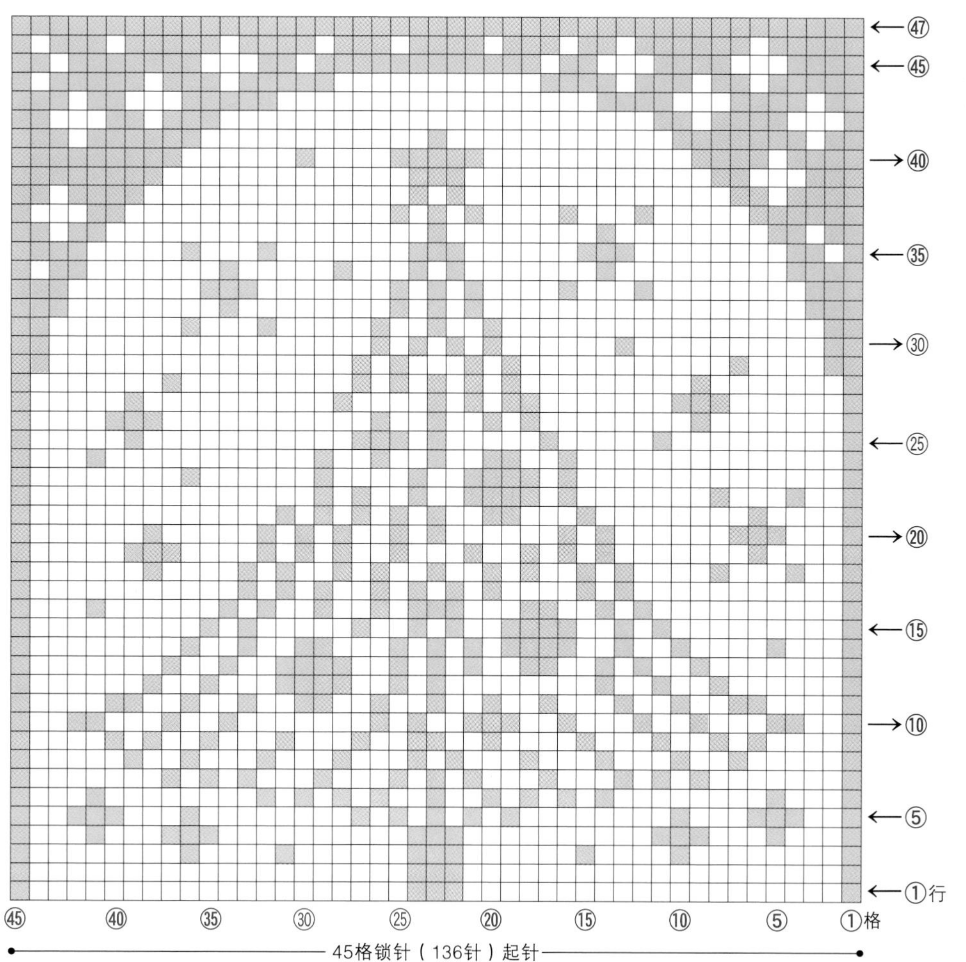

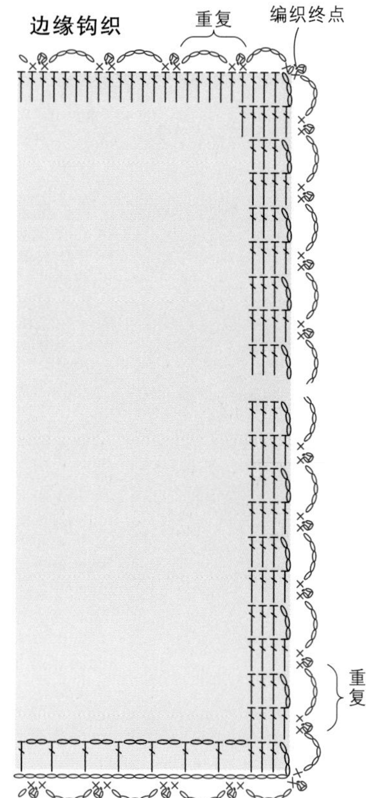

79

20cm

成品图 ►p.73

奥林巴斯 Emmy Grande
(851 霜白色)… 15g
蕾丝钩针 0 号

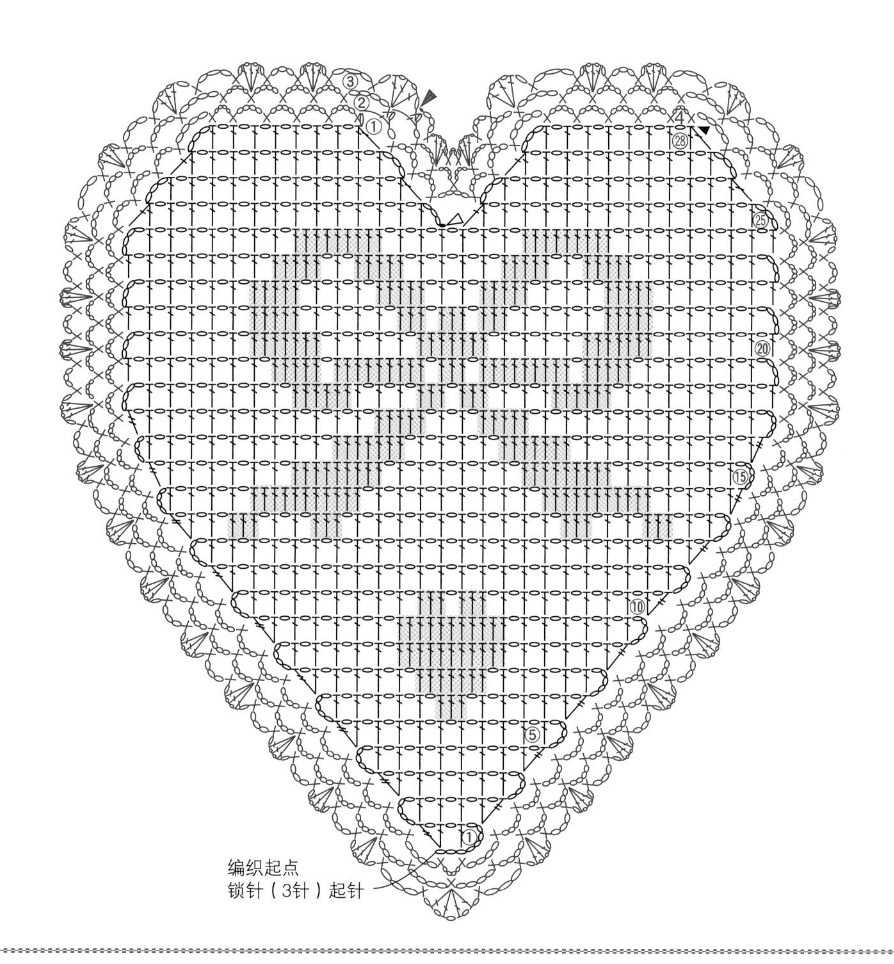

80

20cm

成品图►p.73

奥林巴斯 Emmy Grande
(851 霜白色)… 20g
蕾丝钩针 0 号

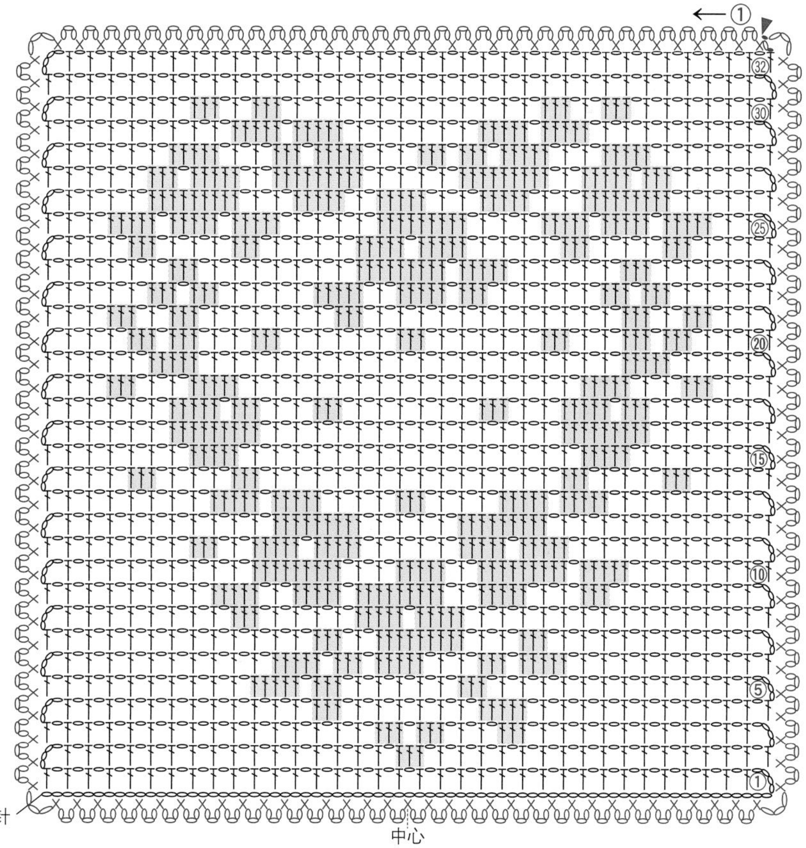

Part

V

蕾丝花片

这一系列集合了植物、动物等，还有精致优雅的心形装饰垫。放飞你的想象力，试试想要呈现怎么样的风格呢？

葡萄 81 20cm × 12.5cm

蝴蝶 82 15cm × 16cm

钩织方法 ▸81：p.78　82：p.79　设计/制作　河合真弓

草莓 83 10cm × 8cm

10cm × 10cm 85 苹果

蝴蝶 84 宽10cm

宽10cm 86 银杏叶

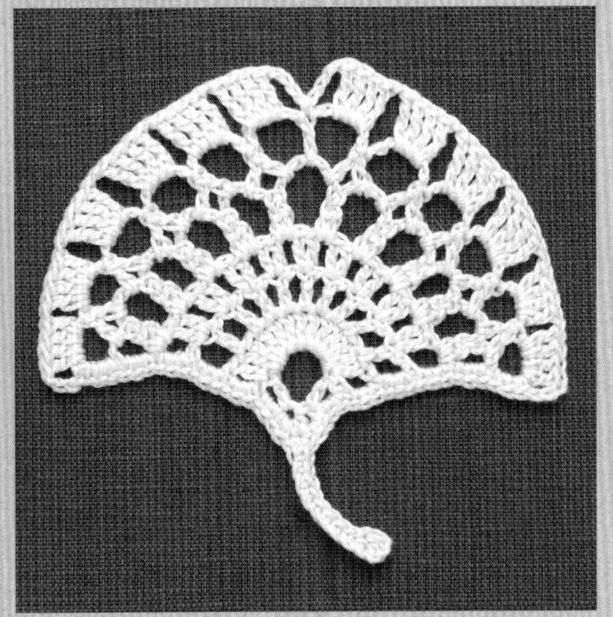

钩织方法 ▸ 83：p.78 84、85：p.79 86：p.143 设计/制作 冈 真理子

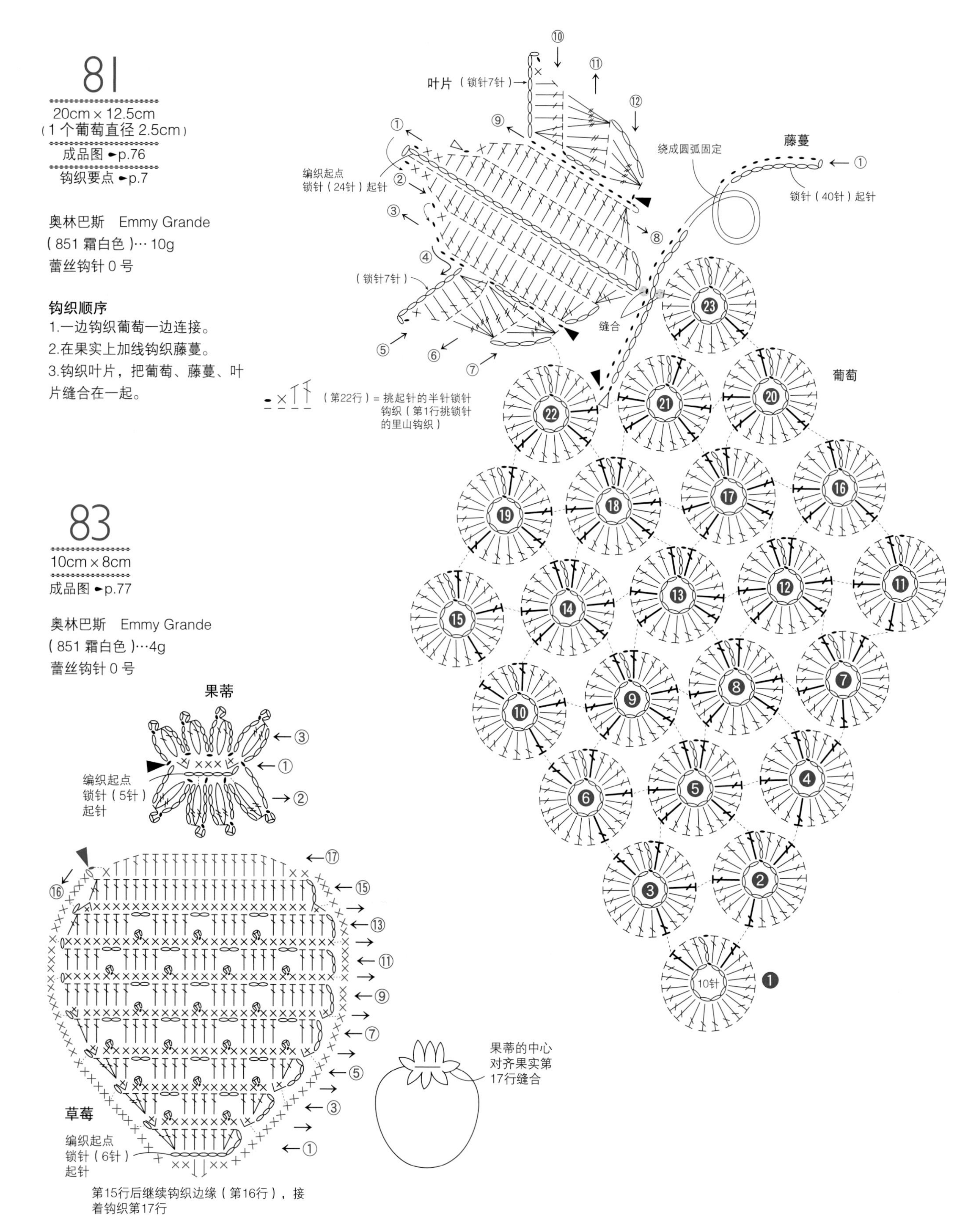

81
20cm×12.5cm
（1个葡萄直径 2.5cm）
成品图 ➸p.76
钩织要点 ➸p.7
奥林巴斯　Emmy Grande
（851 霜白色）… 10g
蕾丝钩针 0 号
钩织顺序
1.一边钩织葡萄一边连接。
2.在果实上加线钩织藤蔓。
3.钩织叶片，把葡萄、藤蔓、叶片缝合在一起。
叶片（锁针7针）
编织起点
锁针（24针）起针
（锁针7针）
缝合
绕成圆弧固定
藤蔓
锁针（40针）起针
葡萄
10针
（第22行）= 挑起针的半针锁针钩织（第1行挑锁针的里山钩织）
83
10cm×8cm
成品图 ➸p.77
奥林巴斯　Emmy Grande
（851 霜白色）…4g
蕾丝钩针 0 号
果蒂
编织起点
锁针（5针）起针
草莓
编织起点
锁针（6针）起针
第15行后继续钩织边缘（第16行），接着钩织第17行
果蒂的中心对齐果实第17行缝合

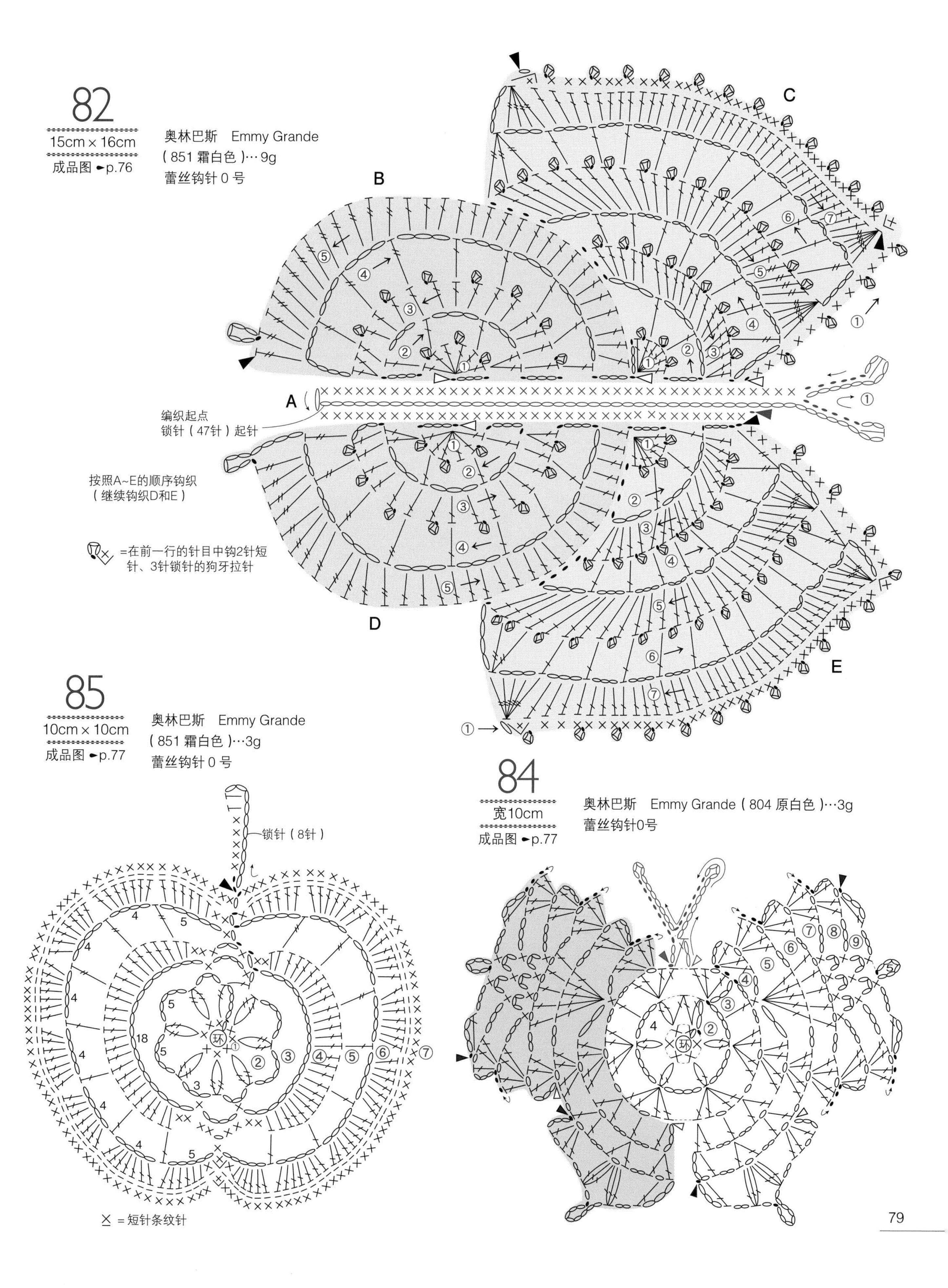
82
15cm × 16cm
成品图 ►p.76
奥林巴斯　Emmy Grande
(851 霜白色)…9g
蕾丝钩针 0 号
B
C
A
D
E
编织起点
锁针（47针）起针
按照A~E的顺序钩织
（继续钩织D和E）
=在前一行的针目中钩2针短针、3针锁针的狗牙拉针
85
10cm × 10cm
成品图 ►p.77
奥林巴斯　Emmy Grande
(851 霜白色)…3g
蕾丝钩针 0 号
锁针（8针）
= 短针条纹针
84
宽10cm
成品图 ►p.77
奥林巴斯　Emmy Grande (804 原白色)…3g
蕾丝钩针0号

大象 87 12cm × 15cm

15cm × 17cm 89 孔雀

小鸟 88 10cm × 7.5cm

15cm 90 马

钩织方法 ► 87、89、90：p.82 88：p.83 设计 / 制作 michiyo

兔子 20cm 91

猫咪 20cm 92

钩织方法 ► p.83 设计 / 制作 RYO

87

12cm × 15cm

成品图 ▸p.80

奥林巴斯　Emmy Grande
（851 霜白色）…5g
钩针 2/0 号

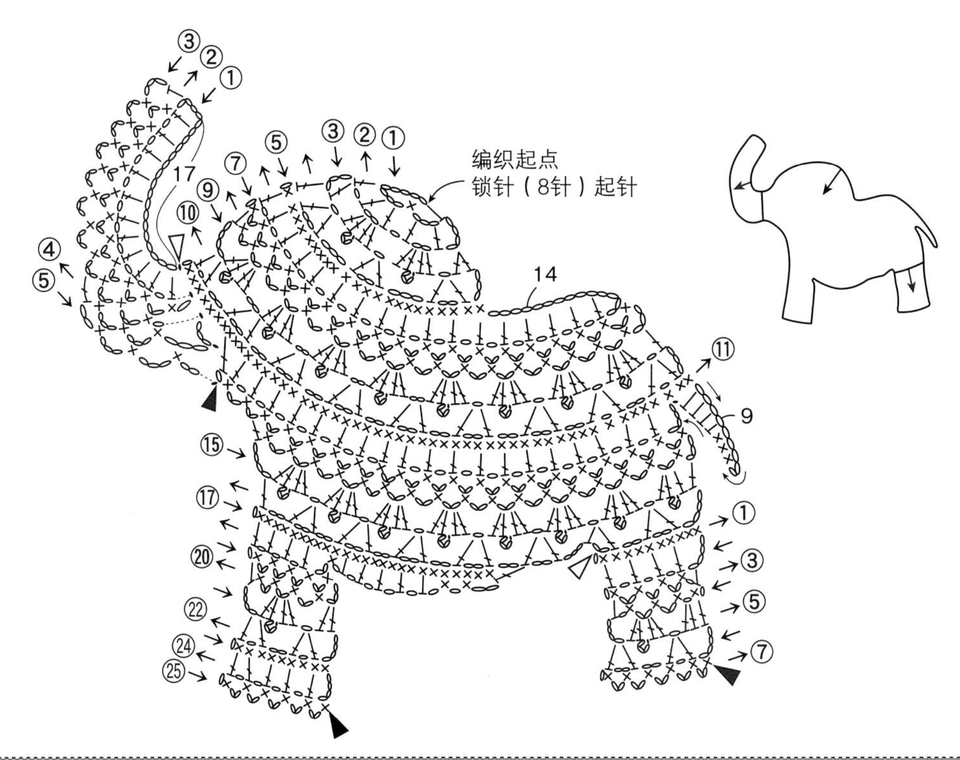

90

15cm

成品图 ▸p.80

奥林巴斯　Emmy Grande
（851 霜白色）…9g
钩针 2/0 号

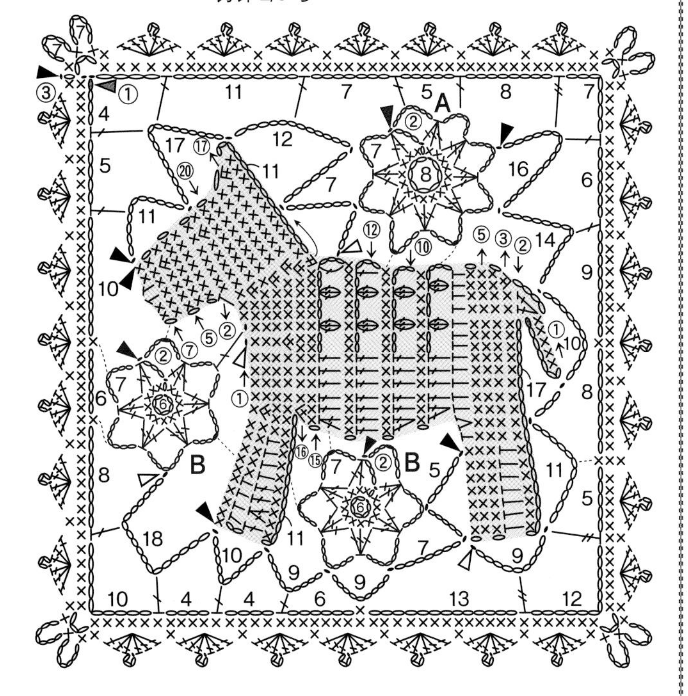

89

15cm × 17cm

成品图 ▸p.80

奥林巴斯　Emmy Grande
（851 霜白色）…5g
钩针 2/0 号

钩织顺序

使用短针、锁针、长针钩织马的形状，在3处钩织连接花片A、花片B。马和花片之间钩织锁针和引拔针填充。按照图解和锁针连接，钩织边缘的3行，形成四边形

花片A、B第1行的针数
A…16针　B…12针

⬬ = 动物编织起点
锁针（5针）起针

▲ = 边缘编织起点

钩织顺序

使用短针、中长针、长针钩织孔雀身体的31行，挑针钩织6行镂空网格作为孔雀的尾羽。从身体一侧挑针，按照图解钩织孔雀的尾巴和双足。

▼ = 身体编织起点
锁针（23针）起针

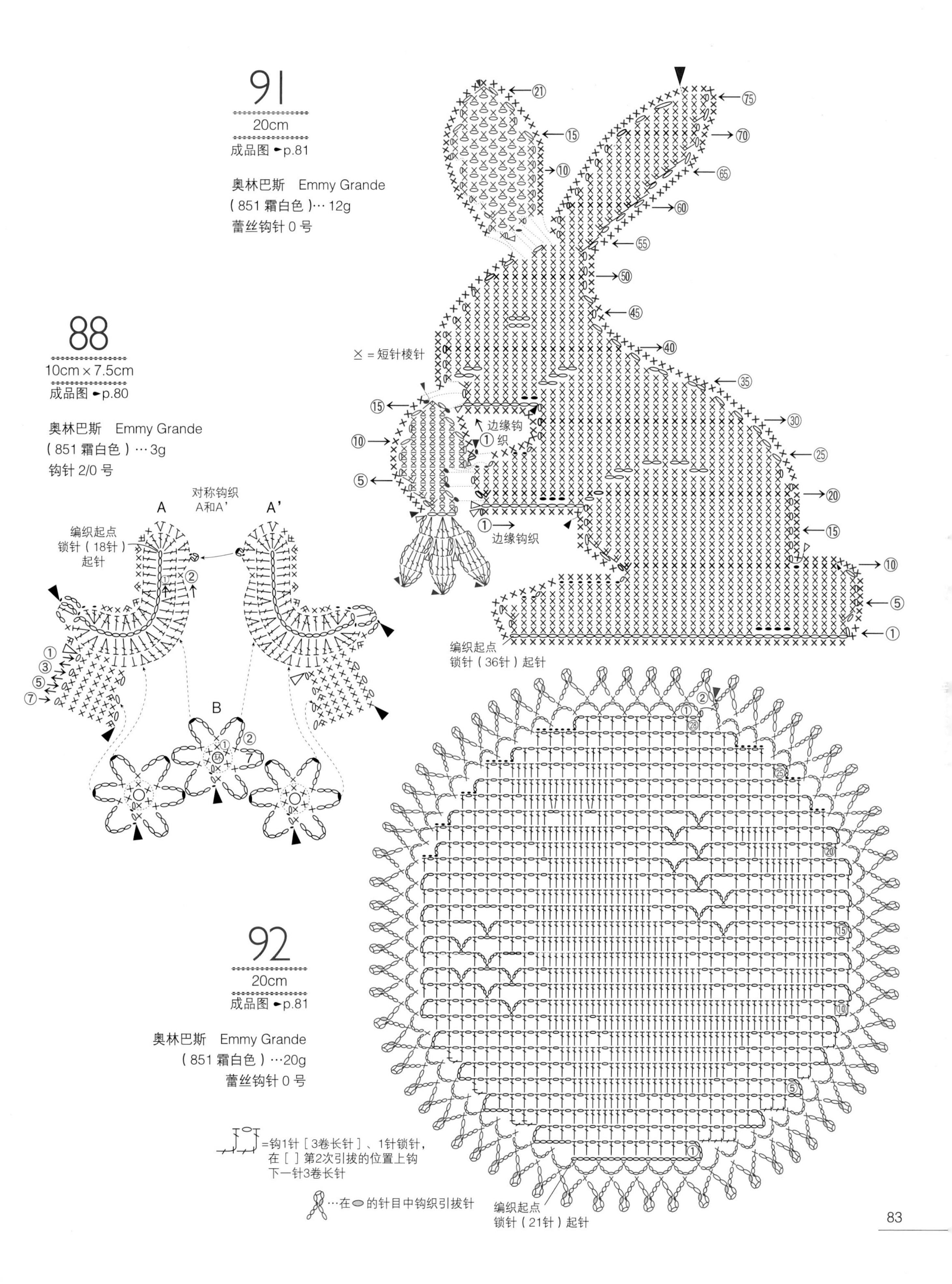
91
20cm
成品图 ➛p.81
奥林巴斯　Emmy Grande
（851 霜白色）… 12g
蕾丝钩针 0 号
⨯ = 短针棱针
边缘钩织
编织起点
锁针（36针）起针
88
10cm × 7.5cm
成品图 ➛p.80
奥林巴斯　Emmy Grande
（851 霜白色）… 3g
钩针 2/0 号
对称钩织
A和A'
A
A'
编织起点
锁针（18针）
起针
B
92
20cm
成品图 ➛p.81
奥林巴斯　Emmy Grande
（851 霜白色）…20g
蕾丝钩针 0 号
=钩1针［3卷长针］、1针锁针，
在［ ］第2次引拔的位置上钩
下一针3卷长针
…在⬭的针目中钩织引拔针
编织起点
锁针（21针）起针

93 15cm

94 10cm

95 20cm

钩织方法 ▸ p.86 设计 / 制作 93、94：武田敦子 95：芹泽圭子

96 15cm

97 15cm

98 20cm

钩织方法 ► 96、98：p.87　97：p.144　设计　北尾惠以子

制作　96：中岛美贵子　97：横山祥子　98：渡边多香子

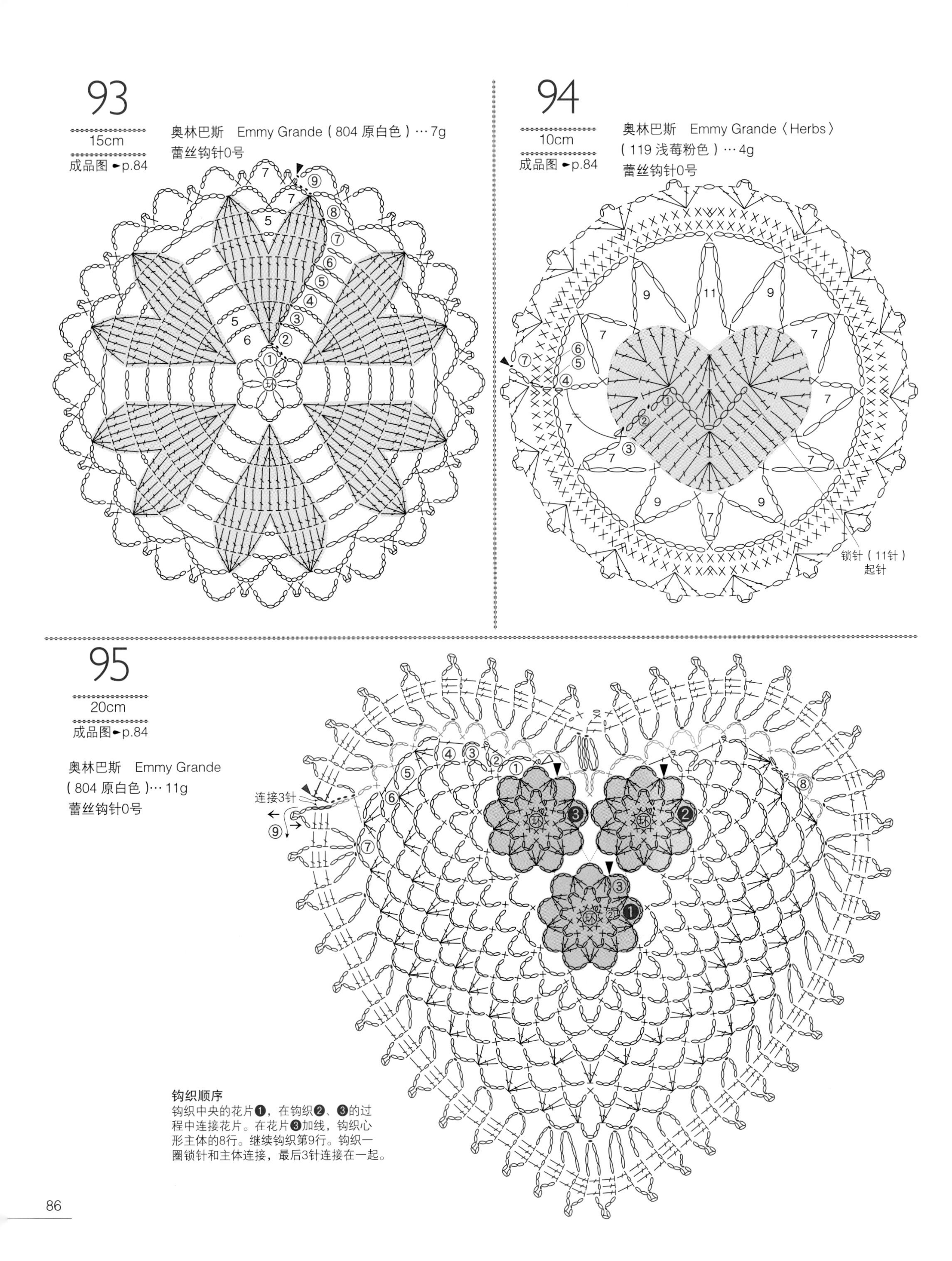
93
15cm
成品图 ►p.84
奥林巴斯　Emmy Grande (804 原白色) … 7g
蕾丝钩针0号
94
10cm
成品图 ►p.84
奥林巴斯　Emmy Grande〈Herbs〉
(119 浅莓粉色) … 4g
蕾丝钩针0号
锁针（11针）
起针
95
20cm
成品图 ►p.84
奥林巴斯　Emmy Grande
(804 原白色)… 11g
蕾丝钩针0号
连接3针
钩织顺序
钩织中央的花片❶，在钩织❷、❸的过程中连接花片。在花片❸加线，钩织心形主体的8行。继续钩织第9行。钩织一圈锁针和主体连接，最后3针连接在一起。

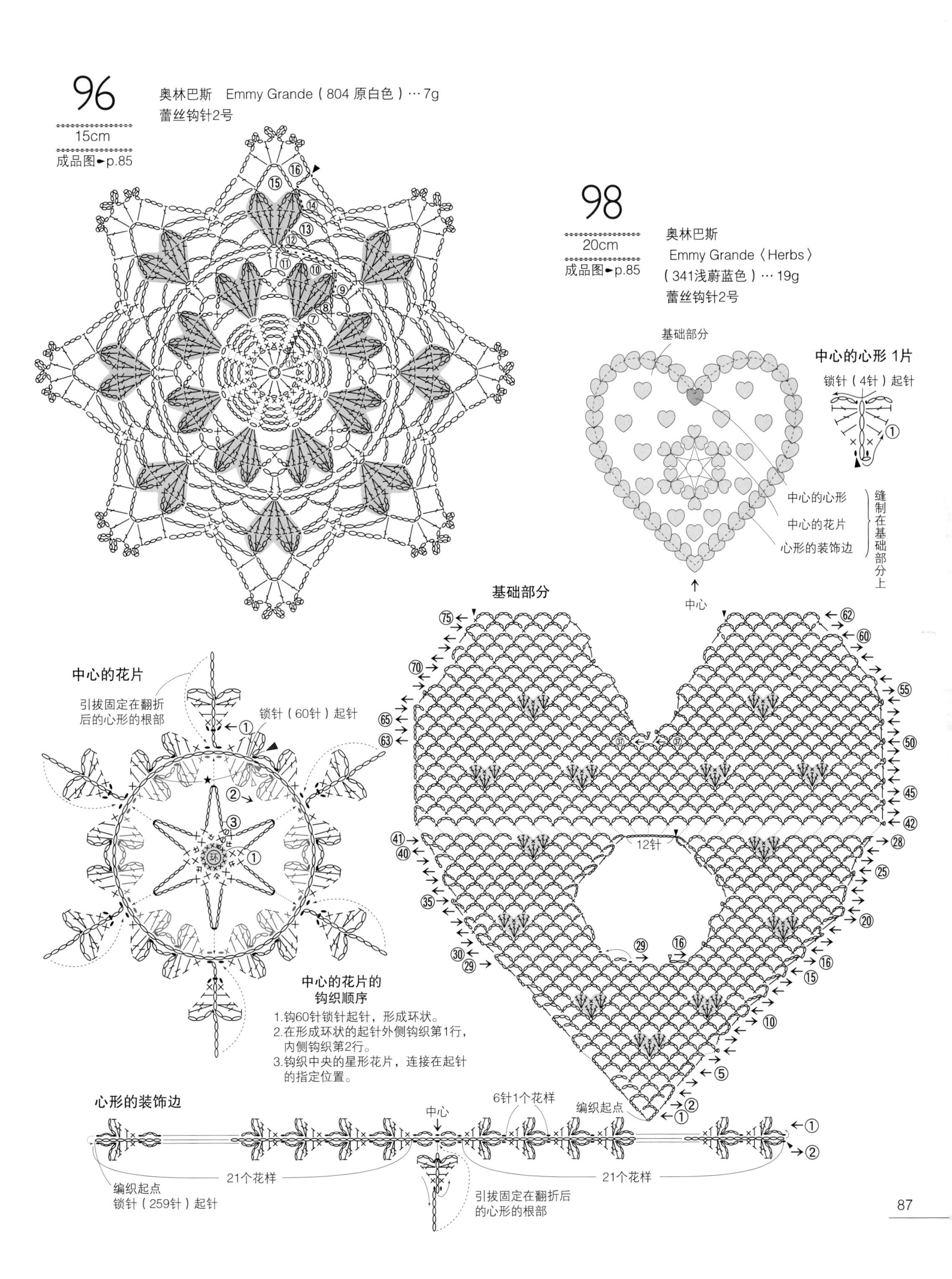
96
奥林巴斯　Emmy Grande（804 原白色）… 7g
蕾丝钩针2号
15cm
成品图►p.85
98
20cm
成品图►p.85
奥林巴斯
Emmy Grande〈Herbs〉
（341浅蔚蓝色）… 19g
蕾丝钩针2号
基础部分
中心的心形 1片
锁针（4针）起针
中心的心形
中心的花片
心形的装饰边
缝制在基础部分上
中心
基础部分
12针
中心的花片
引拔固定在翻折后的心形的根部
锁针（60针）起针
中心的花片的钩织顺序
1.钩60针锁针起针，形成环状。
2.在形成环状的起针外侧钩织第1行，内侧钩织第2行。
3.钩织中央的星形花片，连接在起针的指定位置。
心形的装饰边
中心
6针1个花样
编织起点
21个花样
21个花样
编织起点
锁针（259针）起针
引拔固定在翻折后的心形的根部

Part VI

四季主题

阳春盛开的鲜花，夏日的大海、晴空与凉风，林中的红叶与丰硕的秋实，隆冬里的雪花漫天飞舞。这里介绍的蕾丝花样包罗了林林总总的季节元素。

春 99 10cm

100 20cm

101 10cm

钩织方法 ► p.90 设计 / 制作 河合真弓

20cm 102

20cm 103

钩织方法 ▸ p.91 设计/制作 冈 真理子

99

10cm

奥林巴斯　Emmy Grande（162雾霾粉色）…4g

蕾丝钩针0号

成品图 ►p.88

101

10cm

奥林巴斯　Emmy Grande（194绯红色）…4g

蕾丝钩针0号

成品图 ►p.88

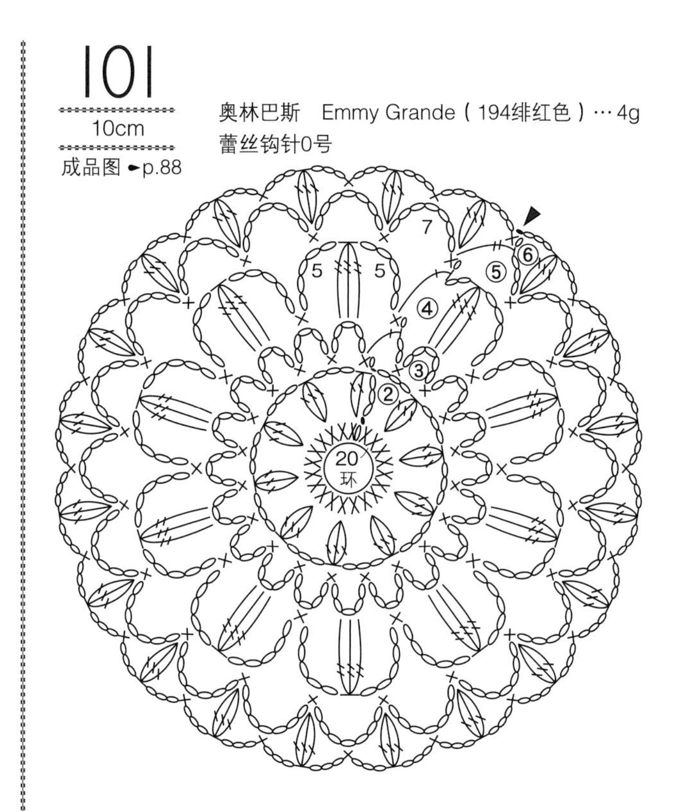

100

20cm

奥林巴斯　Emmy Grande

（165 玫瑰红色）…16g

蕾丝钩针 0 号

成品图 ►p.88

102

20cm

成品图 ►p.89

奥林巴斯　Emmy Grande
（194绯红色）… 11g
蕾丝钩针0号

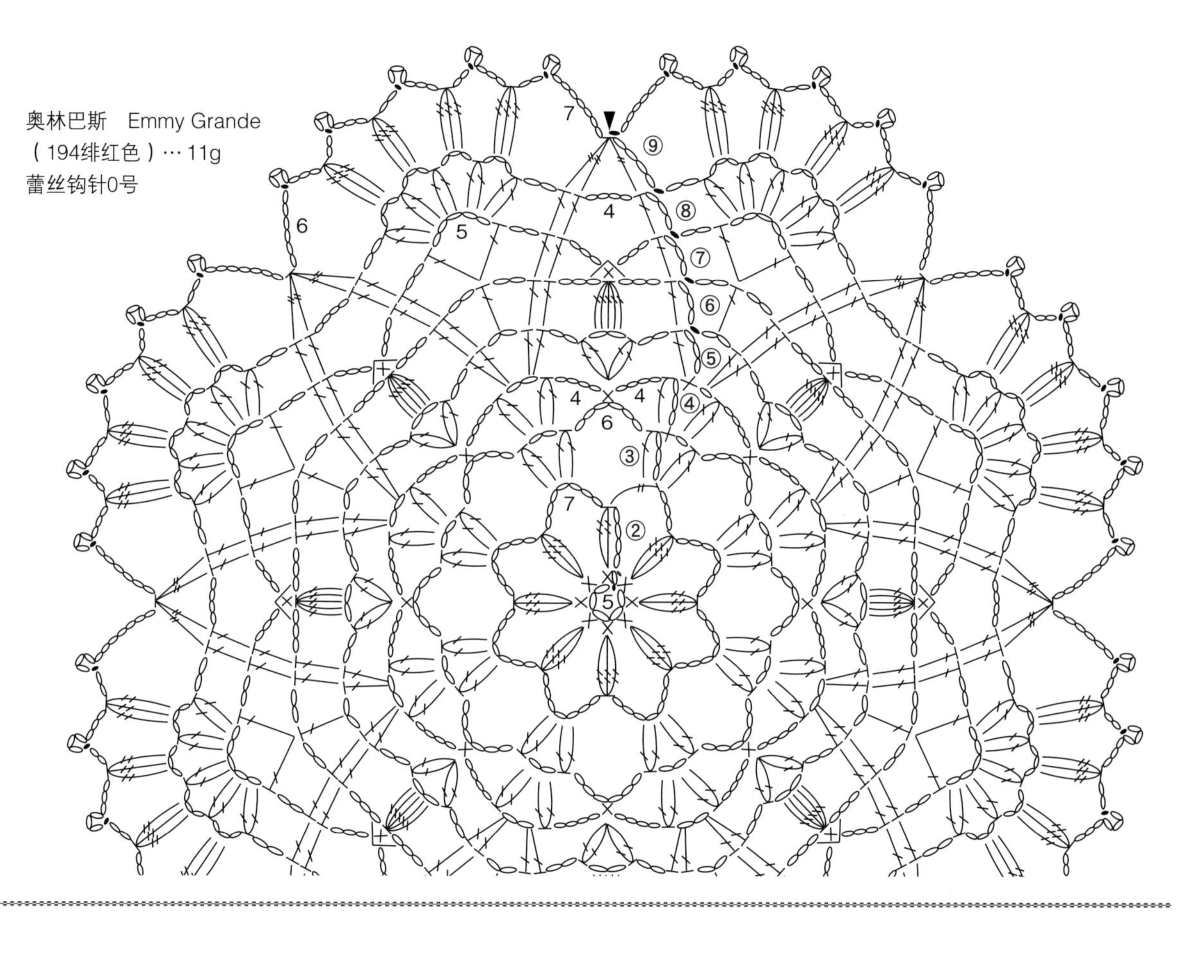

103

20cm

成品图 ►p.89

奥林巴斯　Emmy Grande（194绯红色）… 13g
蕾丝钩针0号

夏

104 20cm

105 10cm

106 10cm

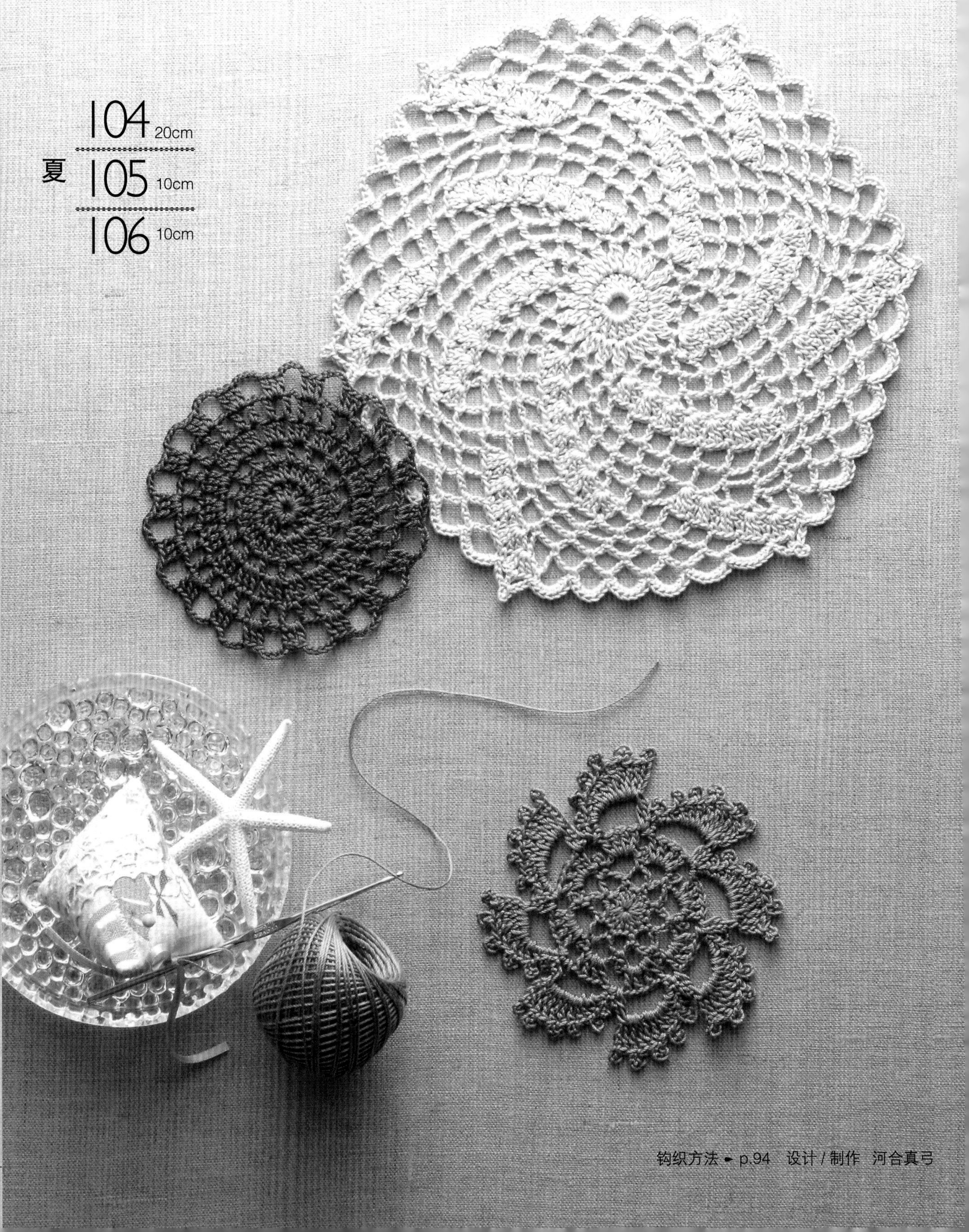

钩织方法 ● p.94 设计 / 制作 河合真弓

20cm 107

20cm 108

钩织方法 ▸ p.95 设计 / 制作 冈 真理子

20cm

成品图 ►p.92

奥林巴斯

Emmy Grande〈Herbs〉

（341 浅蔚蓝色）

…15g

蕾丝钩针 0 号

105

10cm

成品图 ►p.92

奥林巴斯　Emmy Grande

（357 海军蓝色）…4g

蕾丝钩针 0 号

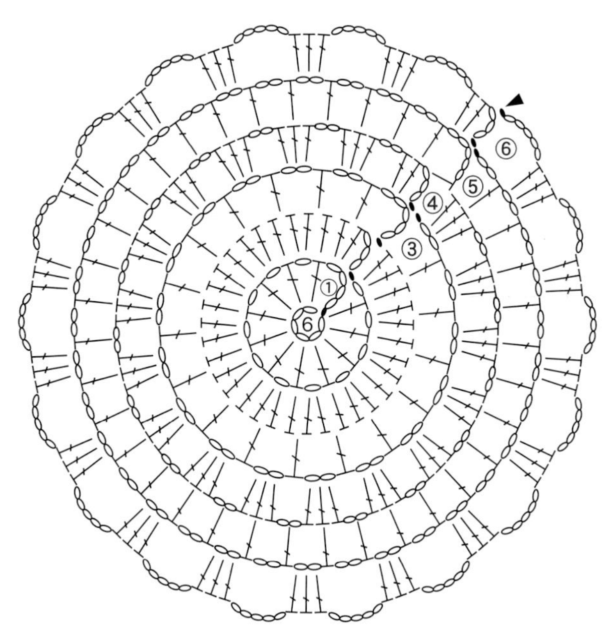

※第3行的长针在前一行的长针之间整段挑针钩织

106

10cm

成品图 ►p.92

钩织要点 ►p.10

奥林巴斯　Emmy Grande〈Herbs〉

（316 灰蓝色）…4g

蕾丝钩针 0 号

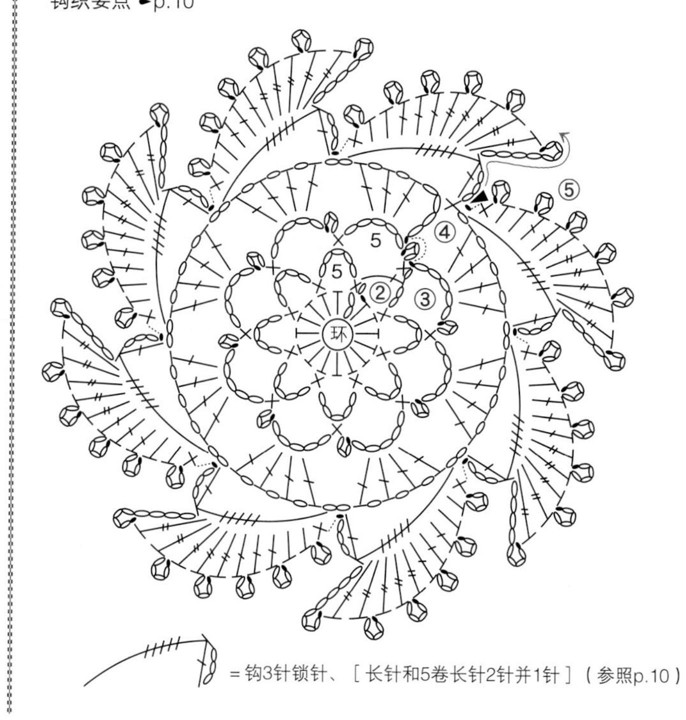

= 钩3针锁针、［长针和5卷长针2针并1针］（参照p.10）

107

20cm

成品图 ►p.93

奥林巴斯　Emmy Grande

（357 海军蓝色）… 9g

蕾丝钩针 0 号

108

20cm

成品图 ►p.93

奥林巴斯　Emmy Grande（357 海军蓝色）… 15g

蕾丝钩针 0 号

钩织方法 ► p.98 设计 / 制作 河合真弓

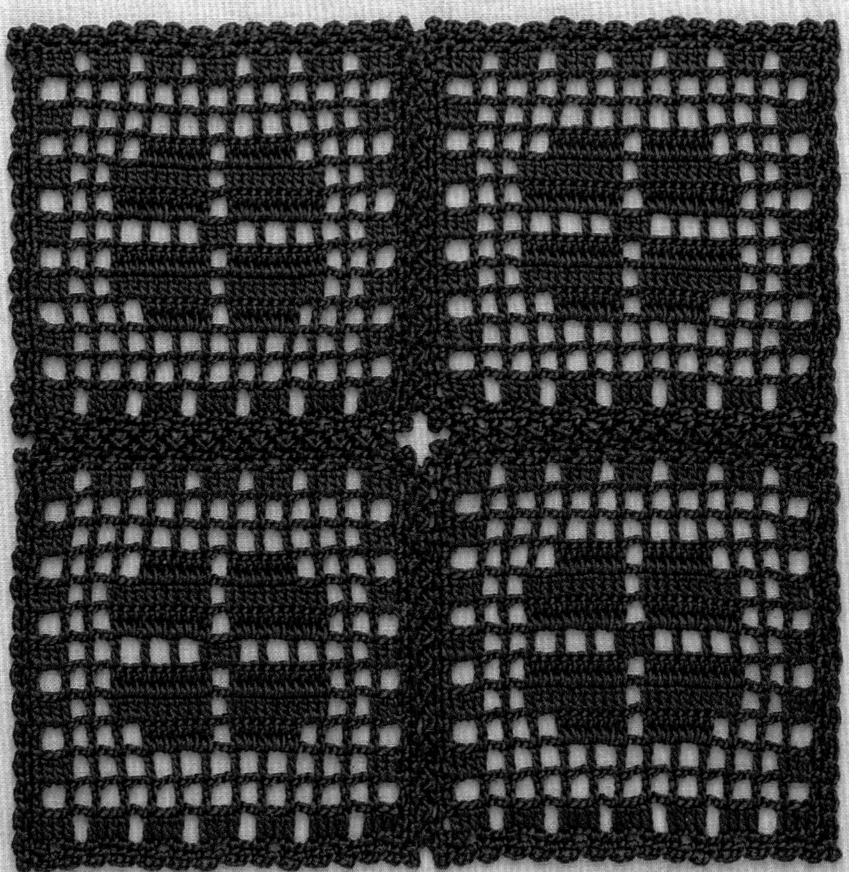

20cm 112

20cm 113

钩织方法 ▸ p.99 设计 / 制作 SACHIYO ✱ FUKAO

109

10cm

奥林巴斯　Emmy Grande〈Herbs〉
（777 咖棕色）…4g　蕾丝钩针 0 号

成品图 ►p.96

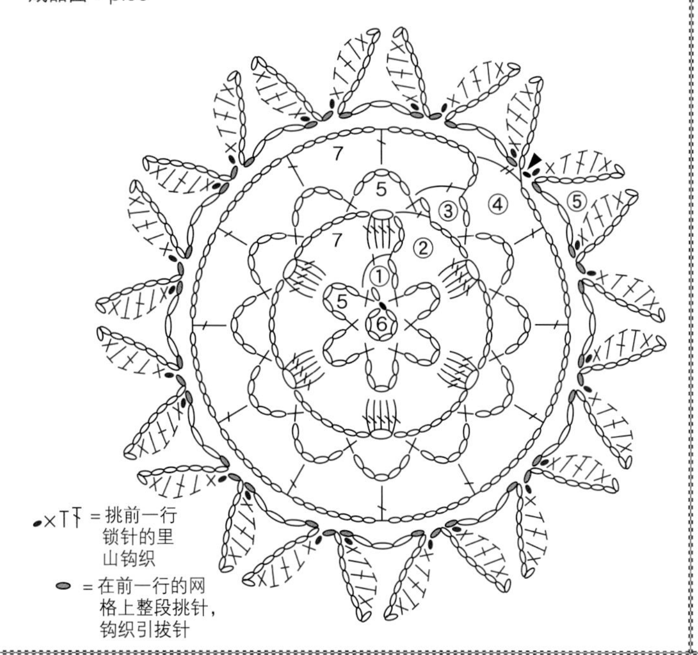

10cm

奥林巴斯　Emmy Grande〈Herbs〉
（814 浅琥珀色）…5g　蕾丝钩针 0 号

成品图 ►p.96

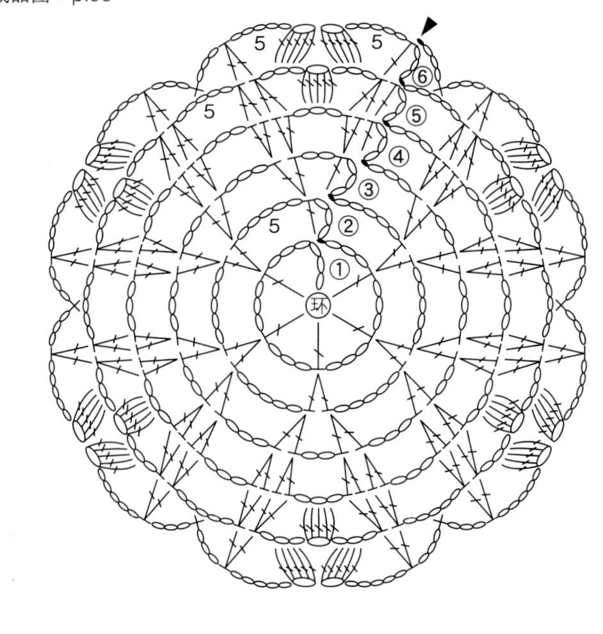

111

20cm

奥林巴斯　Emmy Grande（288 苔绿色）…19g
蕾丝钩针 0 号

成品图 ►p.96

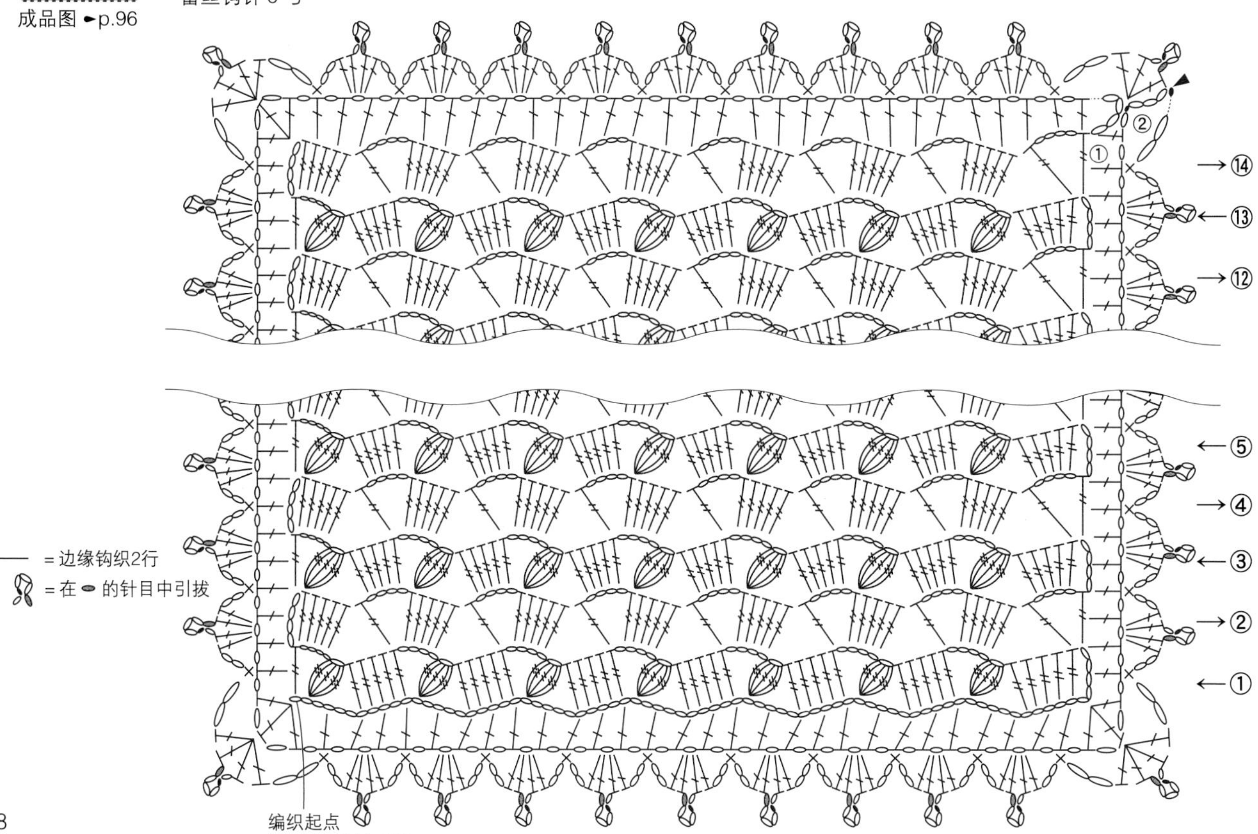

20cm

成品图 ➤p.97

奥林巴斯
Emmy Grande〈Herbs〉
（777 咖棕色）… 14g
钩针 2/0 号

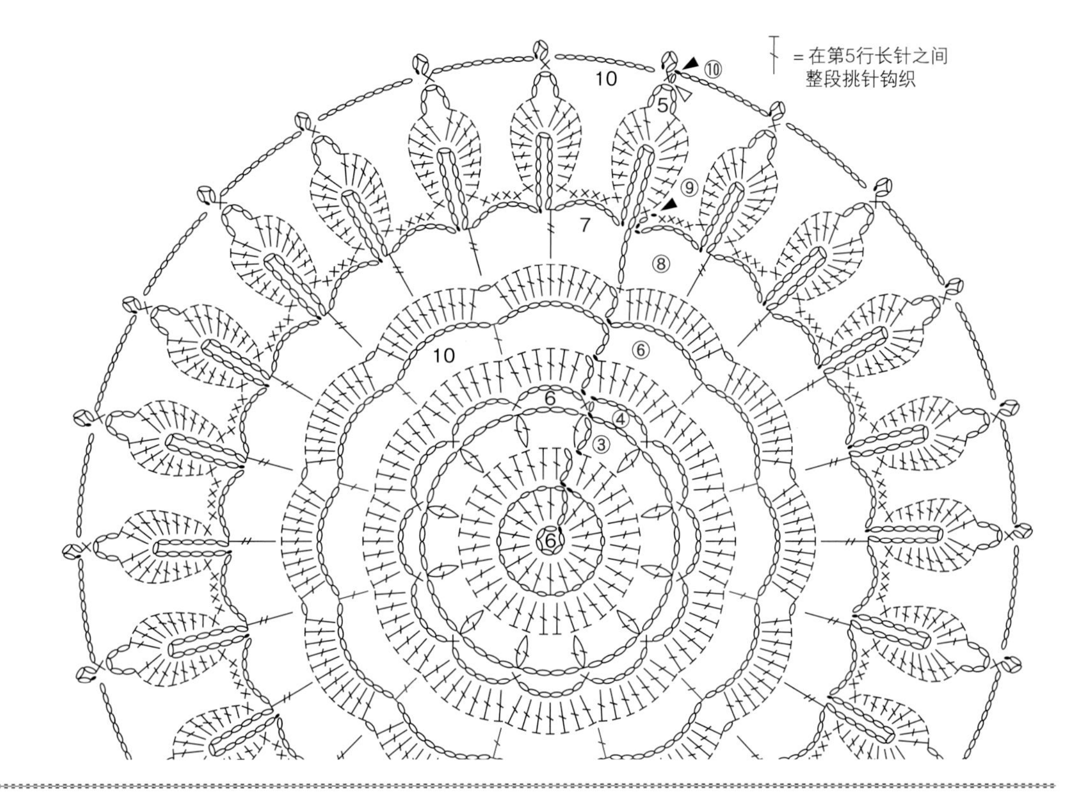

20cm

成品图 ➤p.97

奥林巴斯
Emmy Grande〈Herbs〉
（777 咖棕色）… 18g
钩针 2/0 号

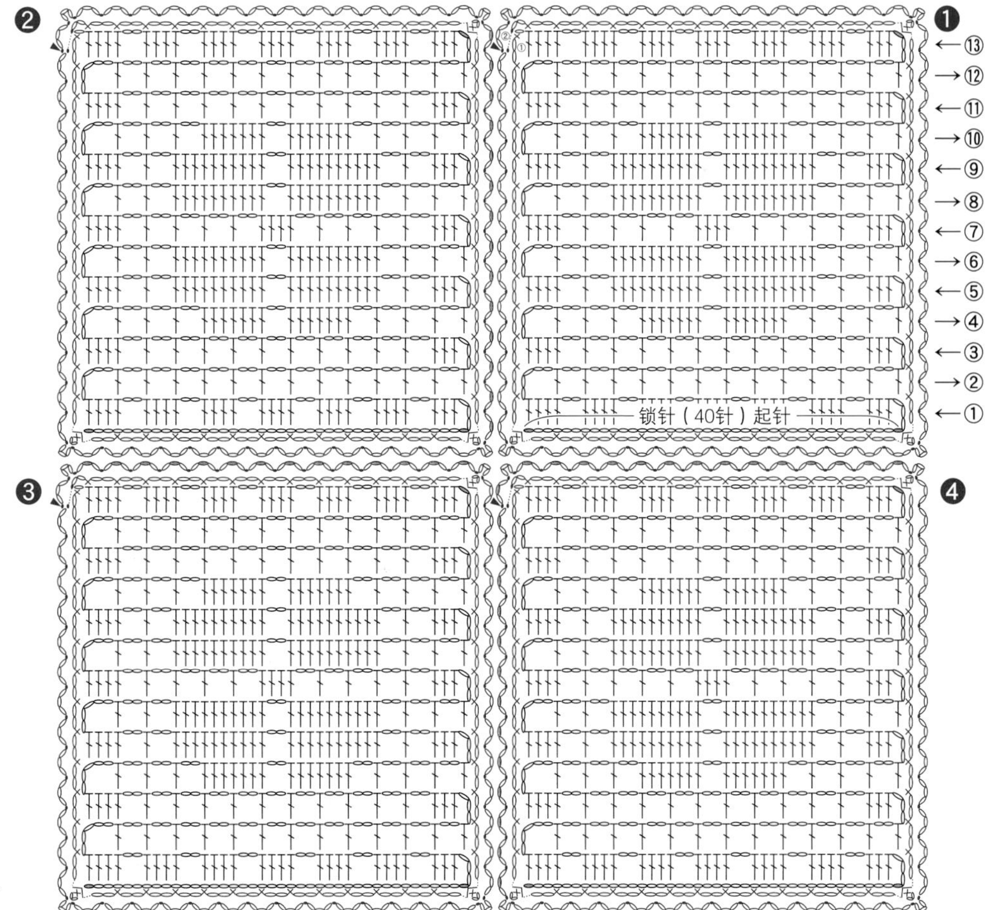

※按照❶~❹的顺序连接花片

= 边缘钩织2行

= 在旁边连接花片的网格上整段挑针，钩织引拔针

= 在⬬的针目中钩1针短针、2针锁针、1针短针

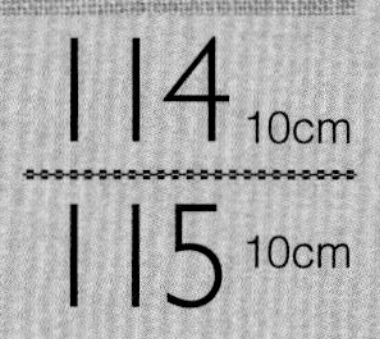

114 10cm　15cm 116

115 10cm　15cm 117

钩织方法 ▸ p.102　设计 / 制作　114、115：风工房　116、117：武田敦子

钩织方法 ➡ p.103 设计 / 制作 芹泽圭子

114

10cm

成品图 ►p.100

奥林巴斯 Emmy Grande

(851 霜白色) …2g

蕾丝钩针 0 号

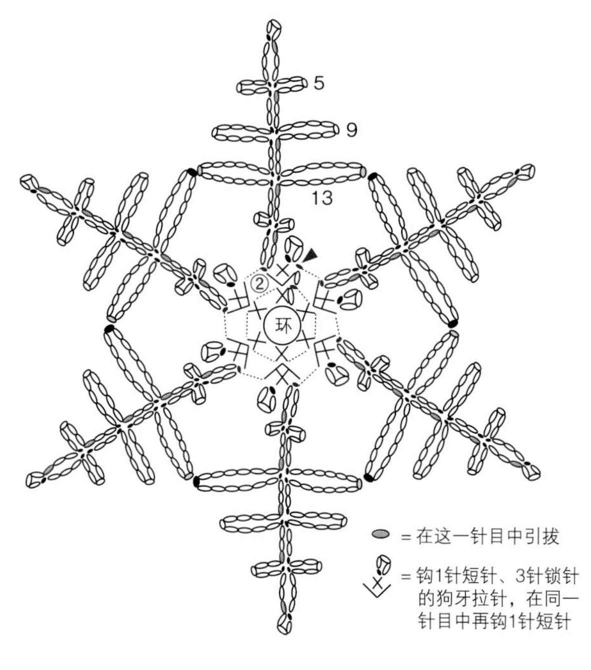

⬬ = 在这一针目中引拔

= 钩1针短针、3针锁针的狗牙拉针，在同一针目中再钩1针短针

115

10cm

成品图 ►p.100

奥林巴斯 Emmy Grande

(851 霜白色) …4g

蕾丝钩针 0 号

= 在⬬的针目中引拔

116

15cm

成品图

►p.100

奥林巴斯 Emmy Grande

(851 霜白色) …4g

蕾丝钩针 0 号

= 在⬬的针目中引拔

= 在长长针的针目中仅钩织⬬的引拔针

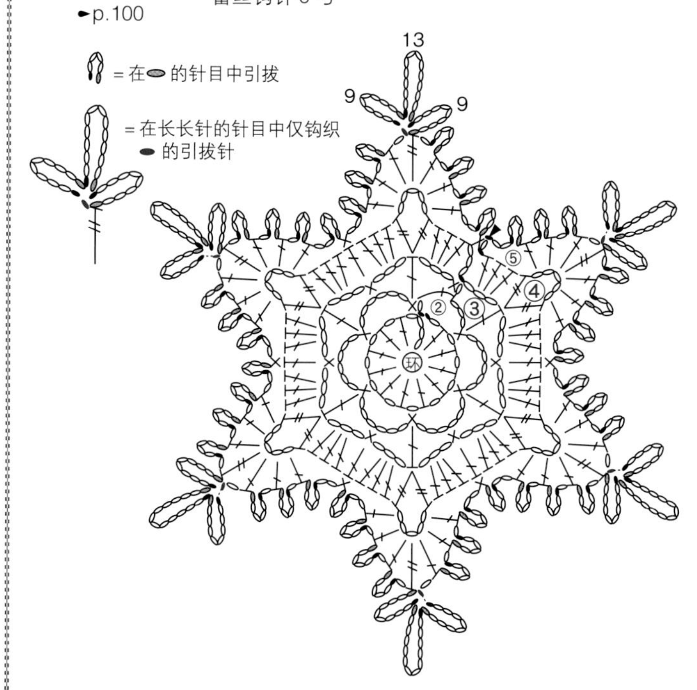

117

15cm

成品图 ►p.100

奥林巴斯 Emmy Grande

(851 霜白色) …4g

蕾丝钩针 0 号

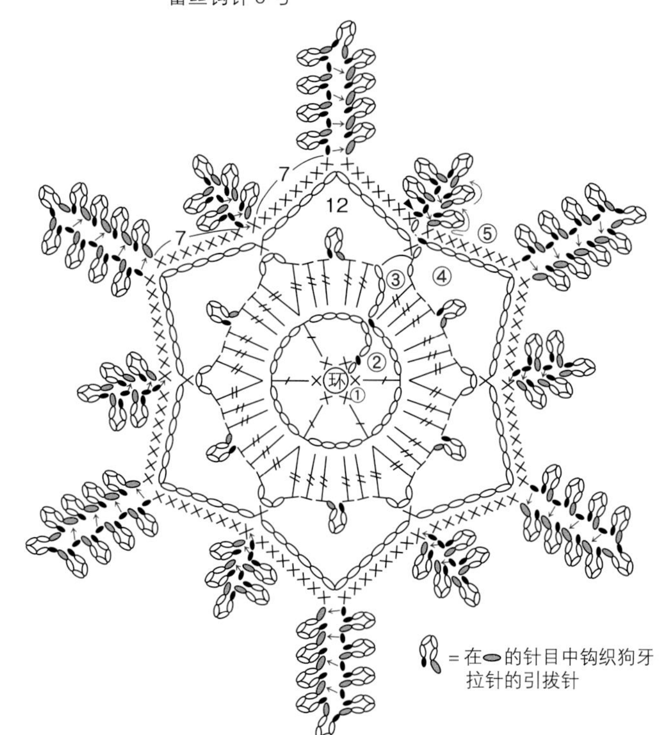

= 在⬬的针目中钩织狗牙拉针的引拔针

118

20cm

成品图 ►p.101

奥林巴斯　Emmy Grande

（851 霜白色）…15g

蕾丝钩针 0 号

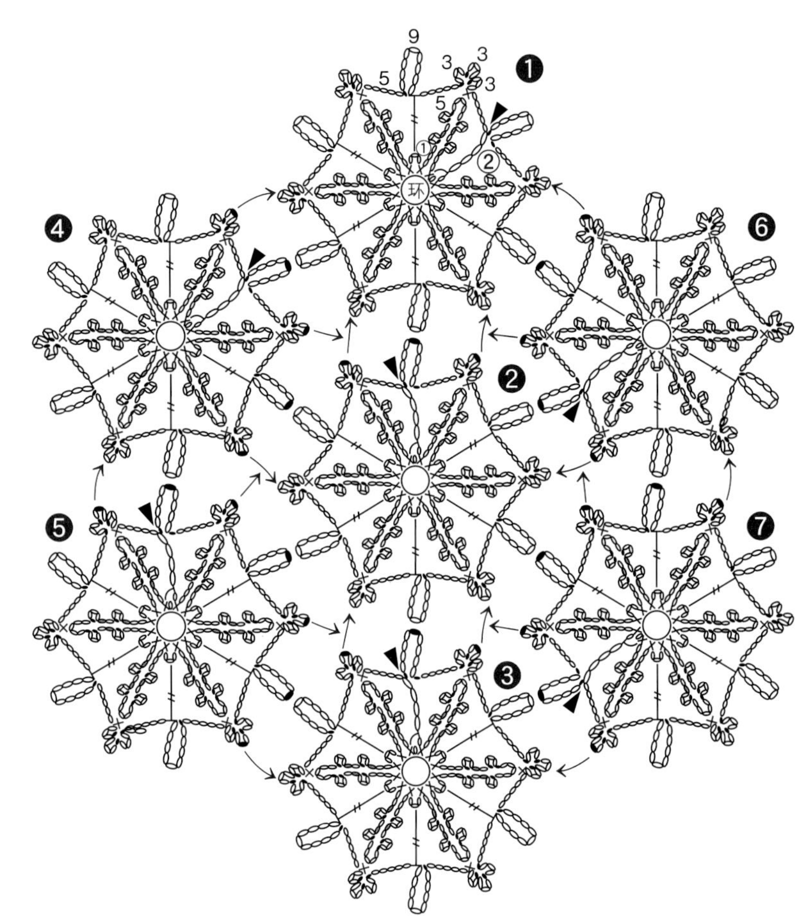

※按照❶~❼的顺序连接花片

= 在×的针目中钩织3次3针锁针狗牙拉针的引拔针

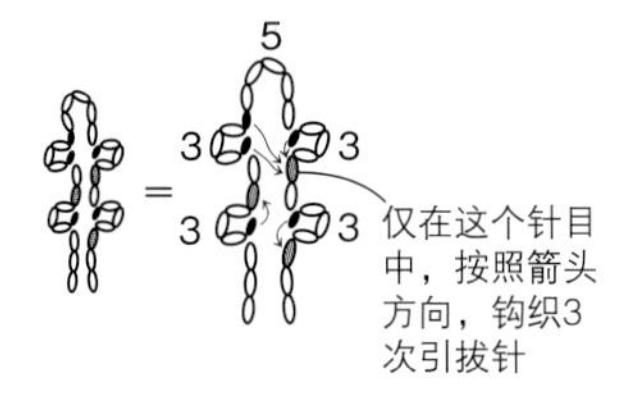

119

20cm

成品图 ►p.101

奥林巴斯　Emmy Grande

（851 霜白色）…11g

蕾丝钩针 0 号

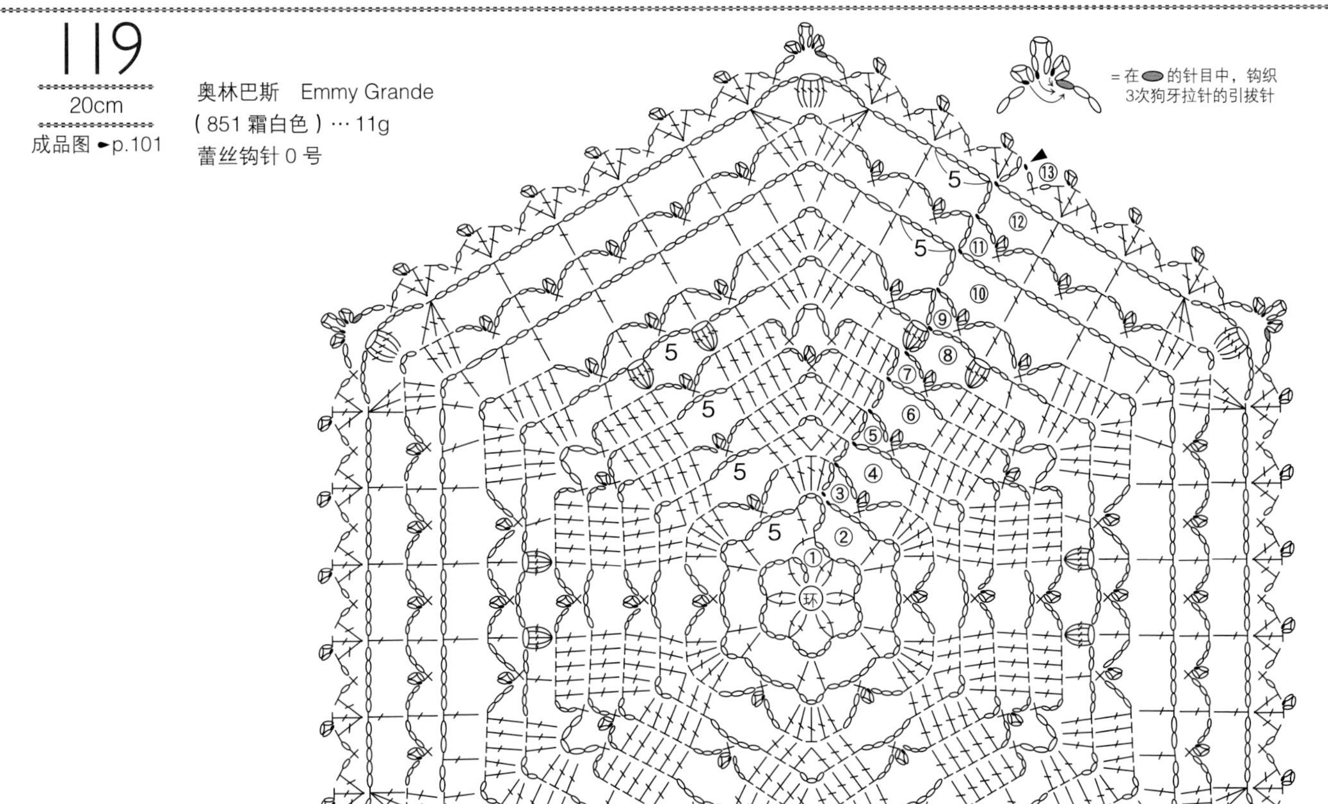

Part VII

华丽的花

绚丽的花瓣层层叠叠，钩织出大朵的玫瑰花，连接各种花片，组合成华美的花朵装饰垫。就像是落入了一片缤纷多姿的花田之中，身边的花朵竞相开放。

120 15cm

钩织方法 ▸ p.106 设计 / 制作 冈 真理子

18cm 121

18cm 122

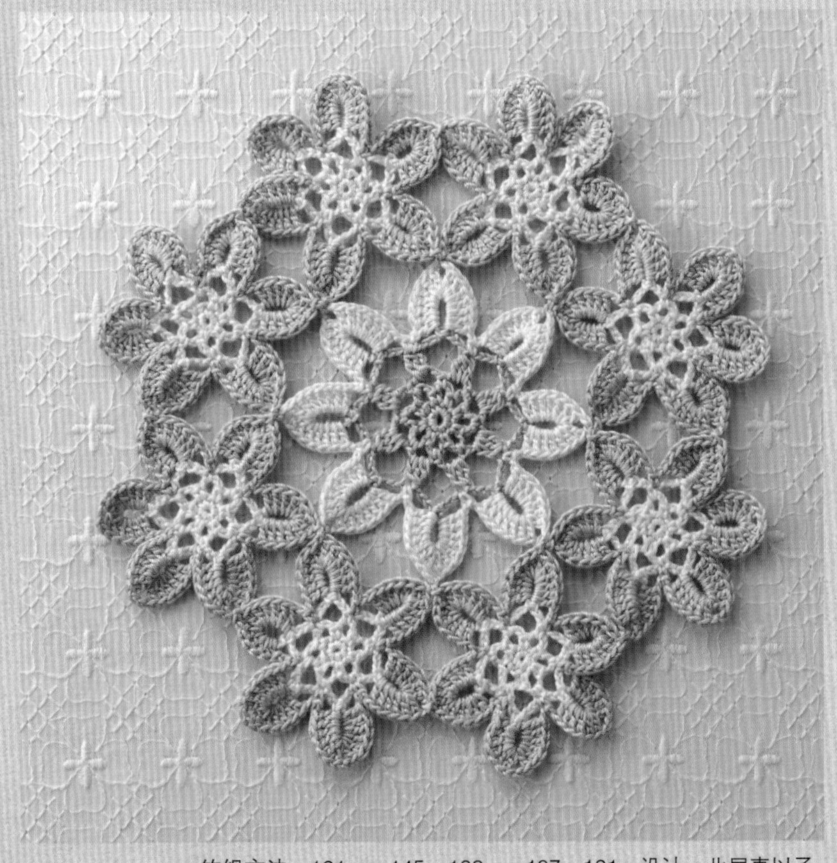

钩织方法►121：p.145　122：p.107　121：设计　北尾惠以子　制作　齐藤惠子
122：设计 / 制作　芹泽圭子

120

15cm

成品图 ►p.104

钩织要点 ►p.12

奥林巴斯　Emmy Grande
（192 深红色）⋯ 12g
（238 橄榄绿色）⋯ 3g
蕾丝钩针 0 号

钩织顺序

1. 线头绕线环起针开始钩织，钩织至第 7 行，断线。在第 5 行标记的锁针位置加线，开始钩织第 8 行（参照 p.12）。
2. 钩织至第 10 行，断线。在第 8 行标记的锁针位置加线，开始钩织第 11 行。
3. 完成第11行后断线，使用橄榄绿色线钩织第12行。

122

18cm

成品图 ►p.105

钩织要点 ►p.11

奥林巴斯　Emmy Grande〈Herbs〉
(141 桃红色)…9g
(732 象牙白色)…5g
蕾丝钩针 0 号

钩织顺序

1. 线头绕线环起针，中心的花片使用桃红色线钩织第 1~4 行，使用象牙白色线钩织第 5 行。
2. 外圈的花片使用象牙白色线钩织第 1~3 行，使用桃红色线钩织第 4 行，共钩织 8 片。开始的第 1 片花片和中心花片两处引拔连接，从第 2 片花片开始，分别和中心及相邻的花片引拔连接（参照 p.11）。

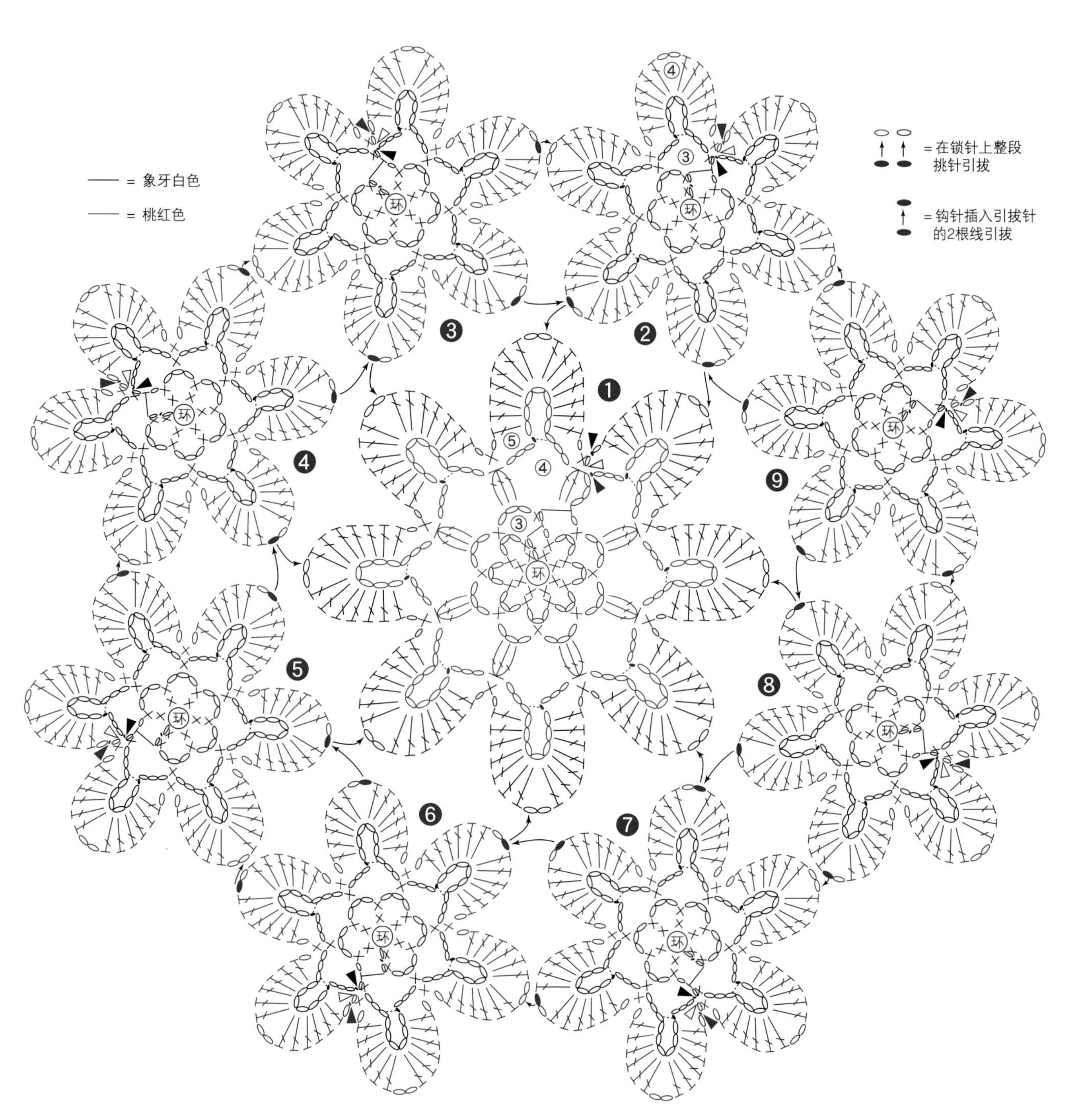

123 18cm

124 18cm

15cm 125

15cm 126

钩织方法 ▸123 : p.110 124 : p.111 125 : p.146 126 : p.147

设计 / 制作 123 : 风工房 124 : 芹泽圭子 125、126 : 冈 真理子

127 15cm
128 15cm

18cm 129
15cm 130

钩织方法 ▸ 127：p.148　128：p.149　129：p.150　130：p.151
设计 / 制作　127：冈真理子　128：武田敦子　129、130：镰田惠美子

奥林巴斯　Emmy Grande（804 原白色）… 6g
Emmy Grande〈Herbs〉
（273 柳绿色）… 6g
（118 浅玫瑰色）… 2g
蕾丝钩针 0 号，棒针 10 号

钩织顺序

1. 主体钩 5 针锁针形成环形起针，按照图解钩织 12 行。
2. 花朵从起针的线环（线头在 10 号棒针上绕 8 圈）里钩织短针，钩织 7 行（参照 p.13）。
3. 叶片钩 9 针锁针起针，按照图解，在起针针目两侧往返钩织（参照 p.13）。
4. 将花朵、叶片与主体缝合。

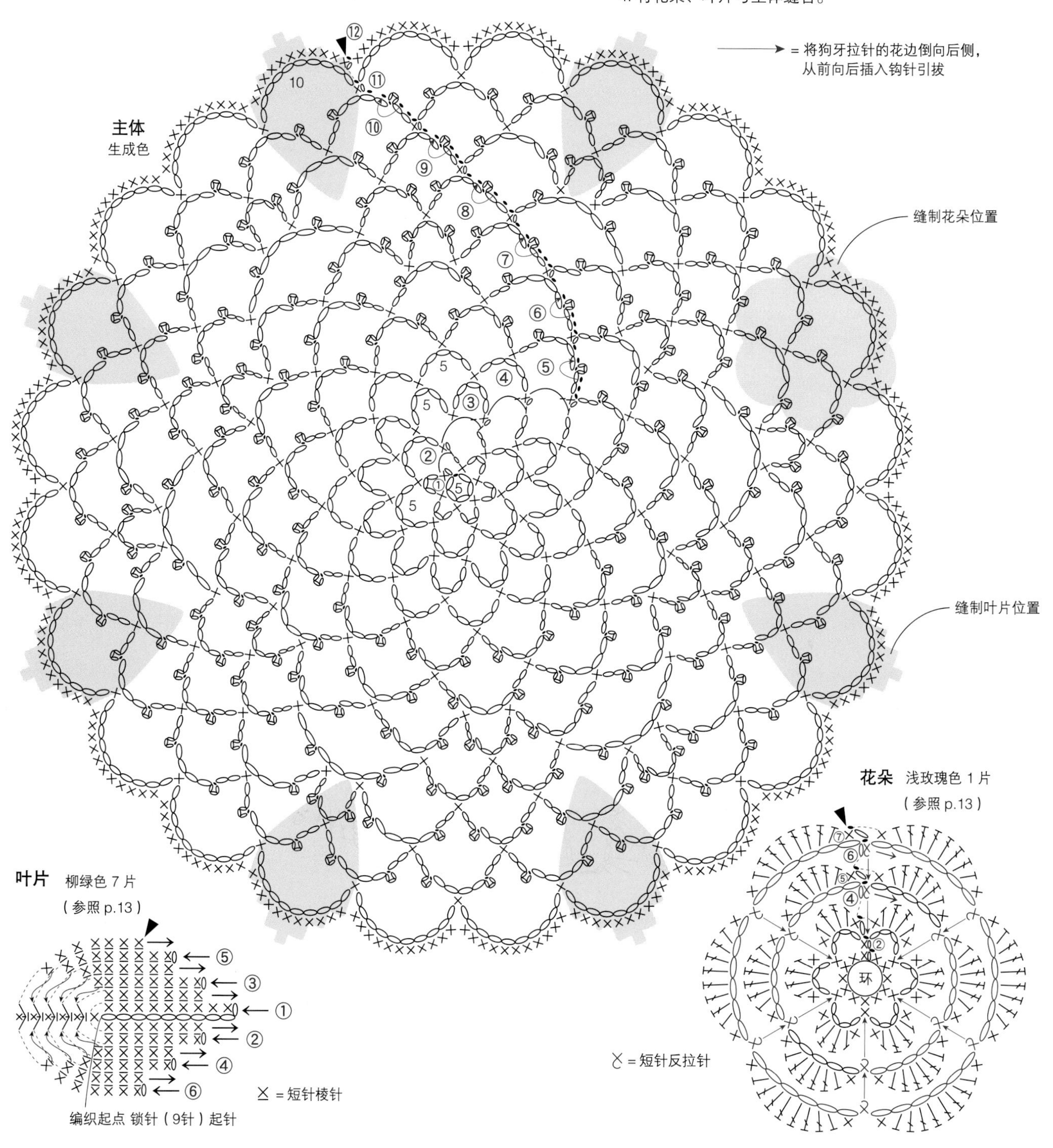

124

18cm

成品图 ►p.108

奥林巴斯　Emmy Grande（804 原白色）… 12g

Emmy Grande〈Herbs〉

（118 浅玫瑰色）、（119 浅莓粉色）… 各 5g

（273 柳绿色）…2g

蕾丝钩针 0 号

钩织顺序

1. 主体线头绕线环起针，第 1 行钩出 12 针短针，按照图解钩织 15 行。
2. 钩织立体玫瑰和叶片，在叶片上缝制花朵。
3. 将花朵颜色错开，缝制在主体上。

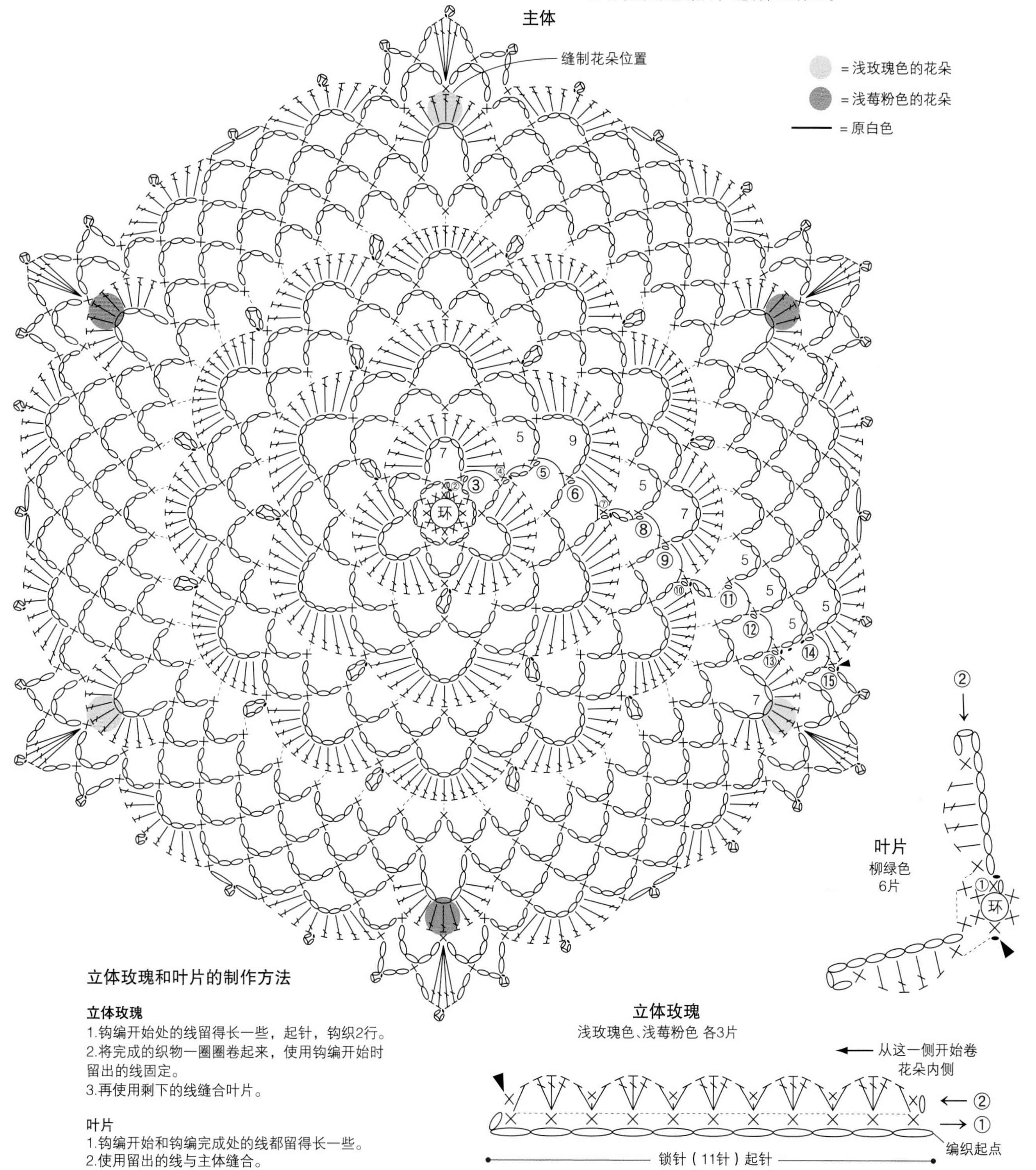

立体玫瑰和叶片的制作方法

立体玫瑰

1.钩编开始处的线留得长一些，起针，钩织2行。
2.将完成的织物一圈圈卷起来，使用钩编开始时留出的线固定。
3.再使用剩下的线缝合叶片。

叶片

1.钩编开始和钩编完成处的线都留得长一些。
2.使用留出的线与主体缝合。

131 20cm

钩织方法 ➡ p.114 设计 / 制作 芹泽圭子

20cm 132

钩织方法 ►p.115 设计 / 制作 芹泽圭子

奥林巴斯　Emmy Grande
（162 雾霾粉色）…9g
（851 霜白色）…8g
（160 灰紫粉色）…6g
Emmy Grande〈Herbs〉
（273 柳绿色）…5g
蕾丝钩针 0 号

钩织顺序

1. 主体线头绕线环起针，按照图解钩织 12 行。
2. 按照❶～⓬的顺序，在主体周围交替钩织花片 a、b，一边钩织一边连接。花片第 4 行的钩织方法参照 p.14。
3. 在花片 a、b 之间钩织连接叶片。

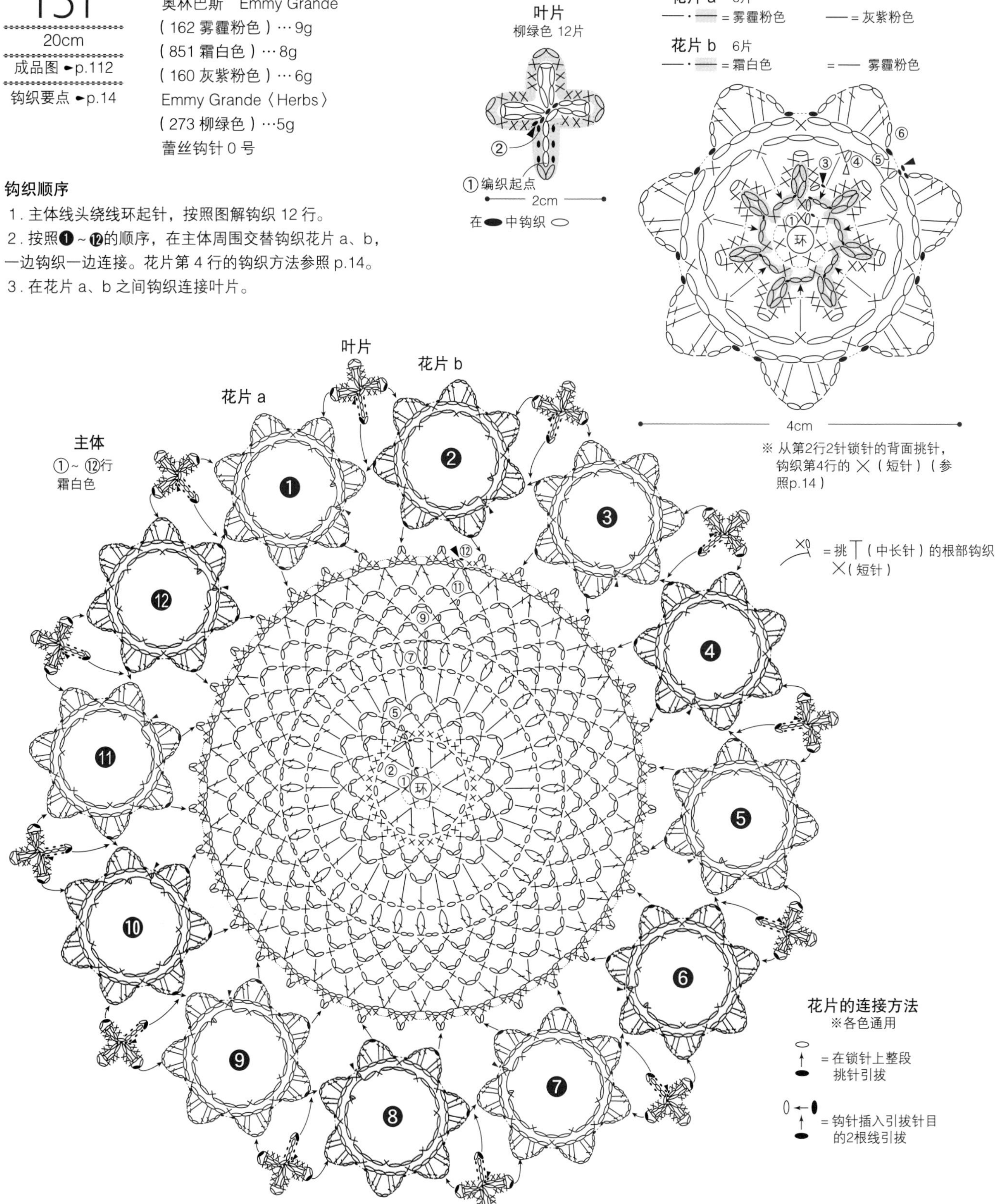

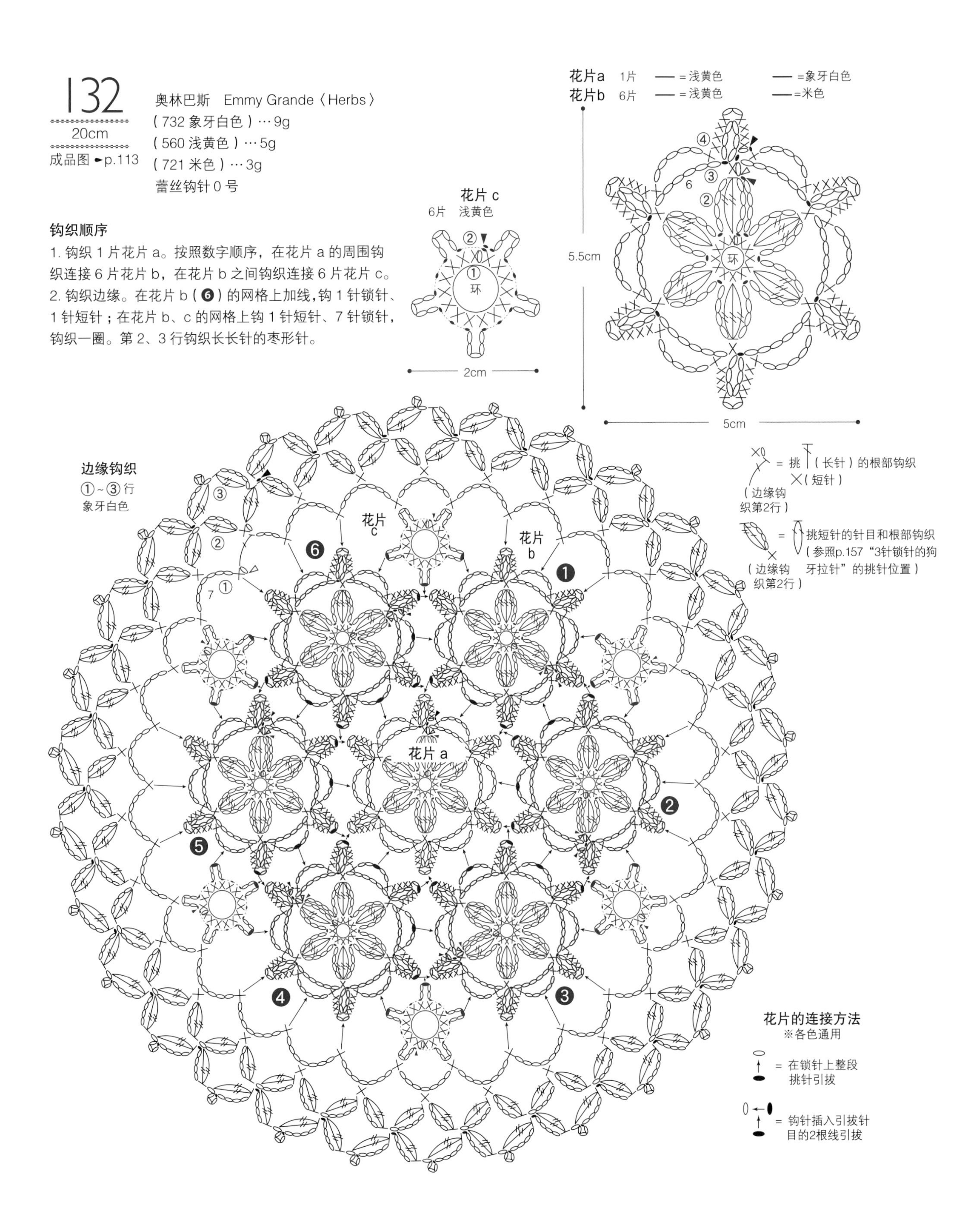
132
20cm
成品图 ➡p.113
奥林巴斯 Emmy Grande〈Herbs〉
(732 象牙白色)…9g
(560 浅黄色)…5g
(721 米色)…3g
蕾丝钩针 0 号
钩织顺序
1. 钩织 1 片花片 a。按照数字顺序，在花片 a 的周围钩织连接 6 片花片 b，在花片 b 之间钩织连接 6 片花片 c。
2. 钩织边缘。在花片 b(❻)的网格上加线，钩 1 针锁针、1 针短针；在花片 b、c 的网格上钩 1 针短针、7 针锁针，钩织一圈。第 2、3 行钩织长长针的枣形针。
花片 c
6片 浅黄色
环
2cm
花片a 1片 — = 浅黄色 — = 象牙白色
花片b 6片 — = 浅黄色 — = 米色
环
5.5cm
5cm
= 挑（长针）的根部钩织（短针）
（边缘钩织第2行）
= 挑短针的针目和根部钩织（参照p.157“3针锁针的狗牙拉针”的挑针位置）
（边缘钩织第2行）
边缘钩织
①~③行
象牙白色
花片 c
花片 b
花片 a
花片的连接方法
※各色通用
= 在锁针上整段挑针引拔
= 钩针插入引拔针目的2根线引拔

133 20cm

134 30cm

钩织方法►133：p.118　134：p.119　设计/制作　武田敦子

30cm × 33cm 135

钩织方法 ▸ p.152 设计　北尾惠以子　制作　和田信子

133

20cm

成品图 ➡p.116

奥林巴斯 Emmy Grande（804 原白色）…6g

Emmy Grande〈Herbs〉（119浅莓粉色）、

（752浅杏色）、（273柳绿色）… 各5g

（560浅黄色）…3g

蕾丝钩针0号

钩织顺序

1. 基础部分线头绕线环起针，按照图解钩织 7 行。
2. 在基础部分周围的指定位置，钩织连接 8 片叶片。继续在叶片之间交替钩织连接花片 a、花片 b。
在网格上整段挑针引拔，连接花片与基础部分。
3. 花片 c 绕线环起针，按照图解钩织 2 行。共钩织 8 片，缝制在叶片上。

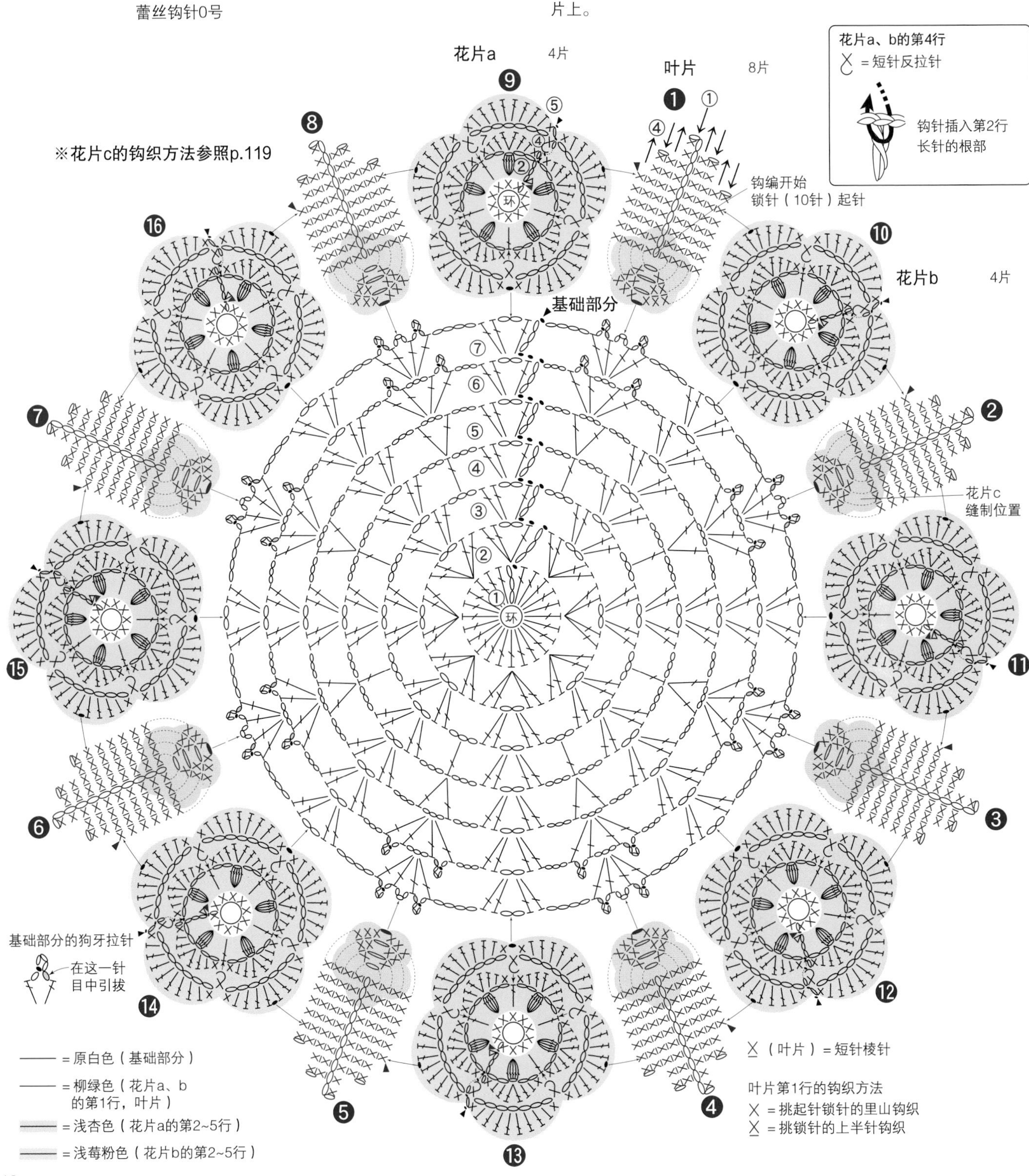

134

30cm

成品图 ►p.116

奥林巴斯 Emmy Grande〈Herbs〉
（800 灰白色）…8g
（745 可可棕色）…7g
（600 薰衣草紫色）…5g
（814 浅琥珀色）…4g
蕾丝钩针 0 号

钩织顺序

1. 线头绕线环起针，使用薰衣草紫色钩织至第 4 行。
2. 按照图解，从第 5 行开始更换配色线，钩织圆形花片至第 19 行。配色线的更换方法参照 p.15。

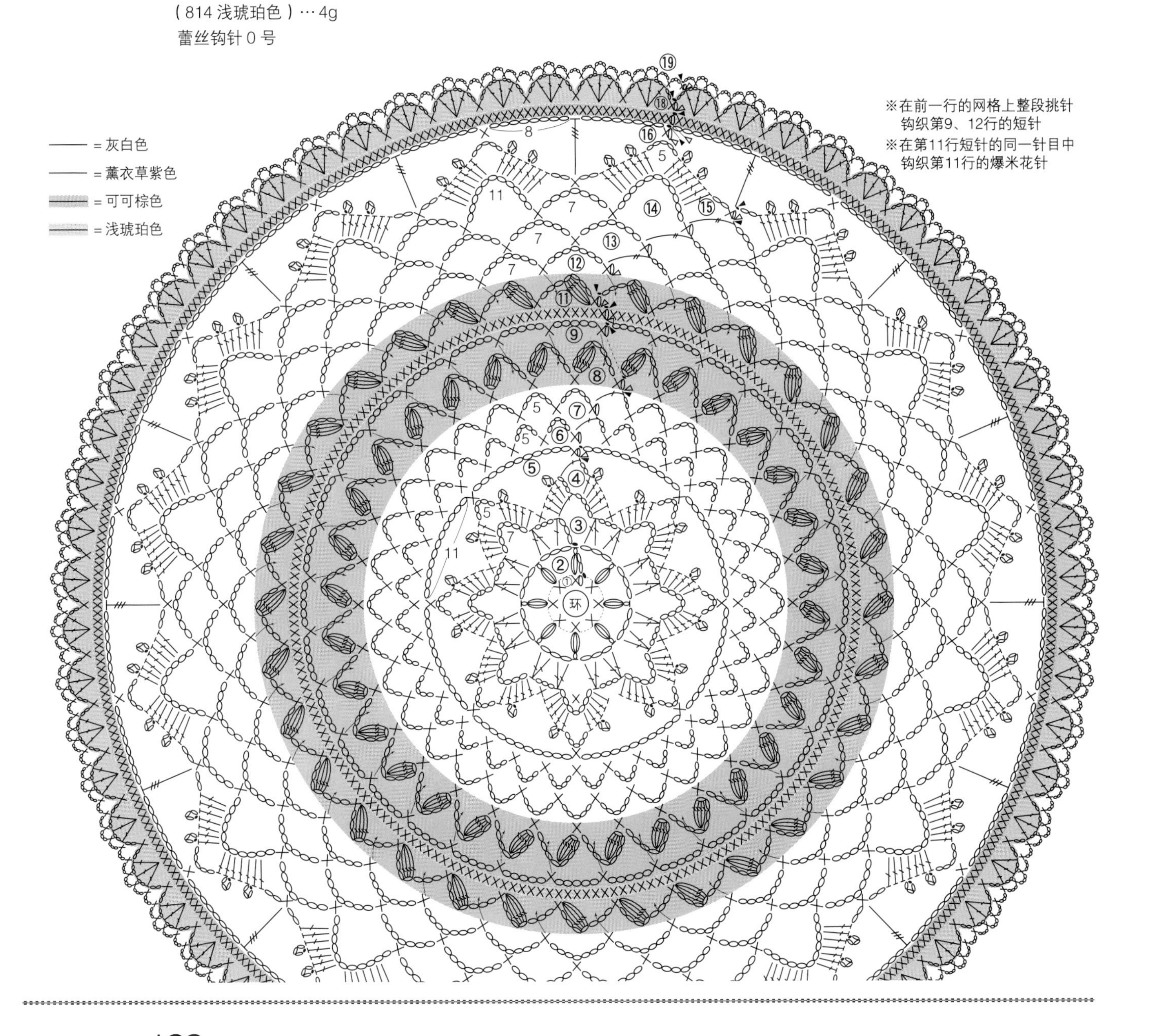

上接 p.118 133

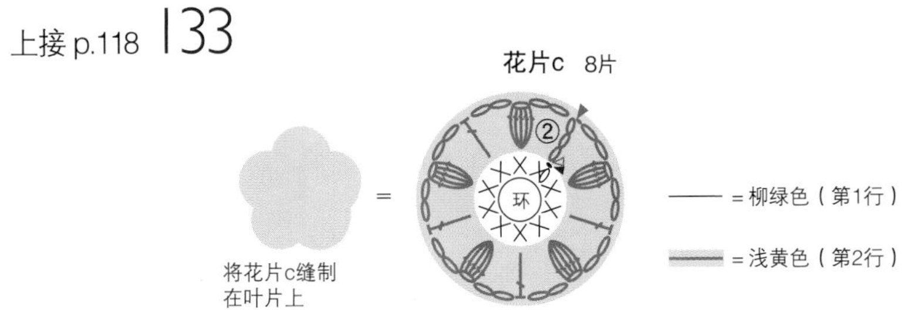

Part

VⅢ

台心布与杯垫

如何将蕾丝轻松自然地融入日常使用的物品中?例如台心布或杯垫会不会是个好主意呢?花朵的图案可以给家居增添亮丽光彩。

台心布 136

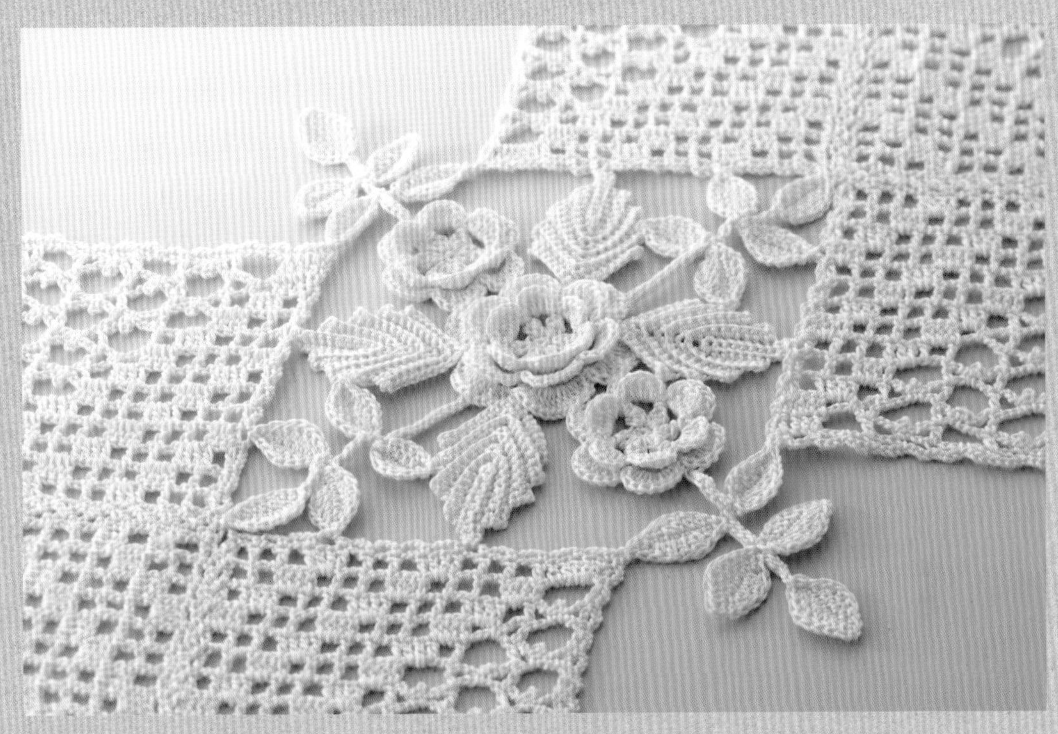

杯垫（左）137A

杯垫（右）137B

钩织方法 ▸ p.122

设计 / 制作　武田敦子

136、137

尺寸…参照图示

成品图 ➡ p.120、p.121

钩织要点 ➡ p.14

136 台心布
奥林巴斯　Emmy Grande（804 原白色）… 45g
蕾丝钩针 0 号
137A、B 杯垫
奥林巴斯　Emmy Grande（804 原白色）… 各 9g
蕾丝钩针 0 号

台心布的钩织顺序

1. 钩织四边形花片。钩 40 针锁针作为起针，继续钩织 13 行花样，接着钩织边缘。从第 2 片开始，按照❷❸的顺序，在边缘钩织的 3 针锁针上整段挑针连接。按照❶～❸的顺序钩织连接，完成两组。
2. 钩织花朵 a、b。钩织 1 片花朵 a，在花朵 a 的第 7 行长针上，钩织连接 2 片花朵 b 的第 5 行的长针。
3. 钩织叶片 a、b。在花朵 a 和四边形花片上钩织连接叶片 b。在叶片 b 和四边形花片上钩织连接叶片 a。叶茎的末端缝制固定在花朵 a、b 的花瓣背面。

杯垫的钩织顺序

1. 钩织四边形花片。钩 40 针锁针作为起针，继续钩织 13 行花样，接着钩织边缘。
2. 钩织花朵 b、叶片 c。
3. 按照叶片 c、花朵 b 的顺序，在四边形花片的指定位置重叠摆放，调整协调后缝合固定。

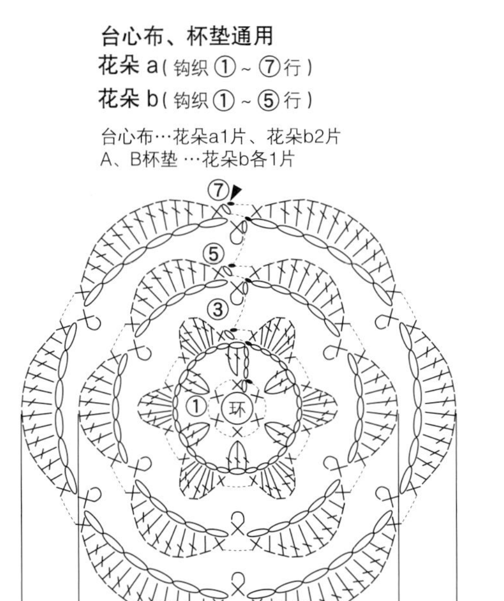

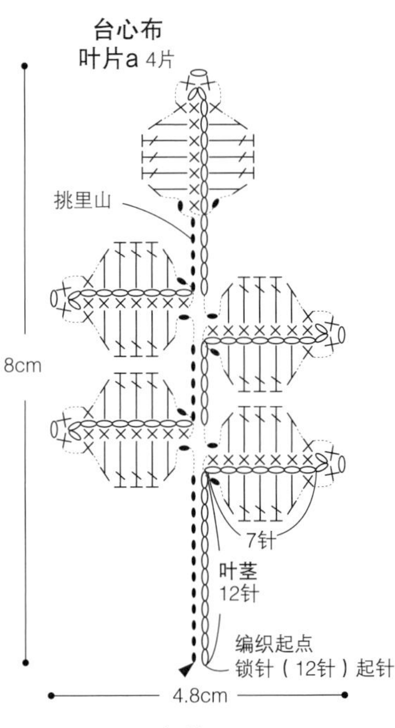

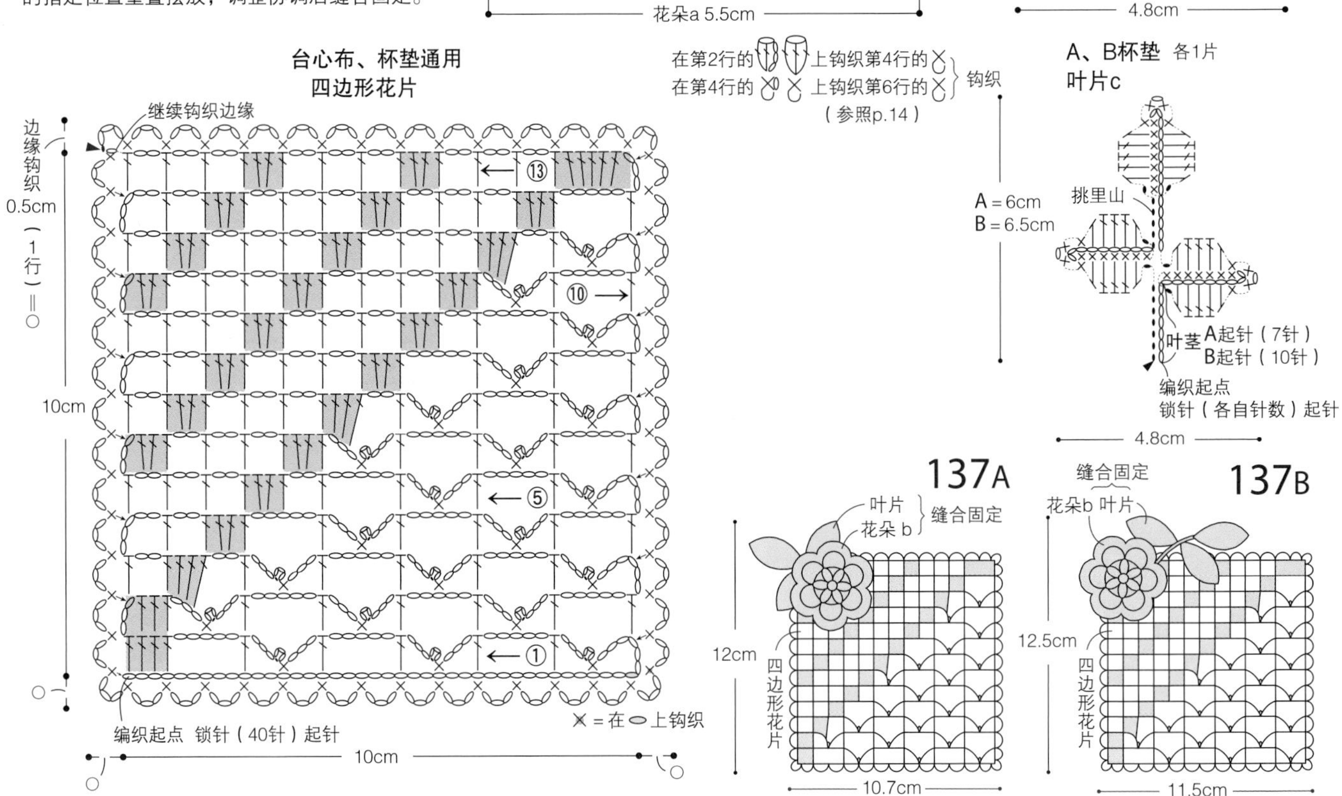

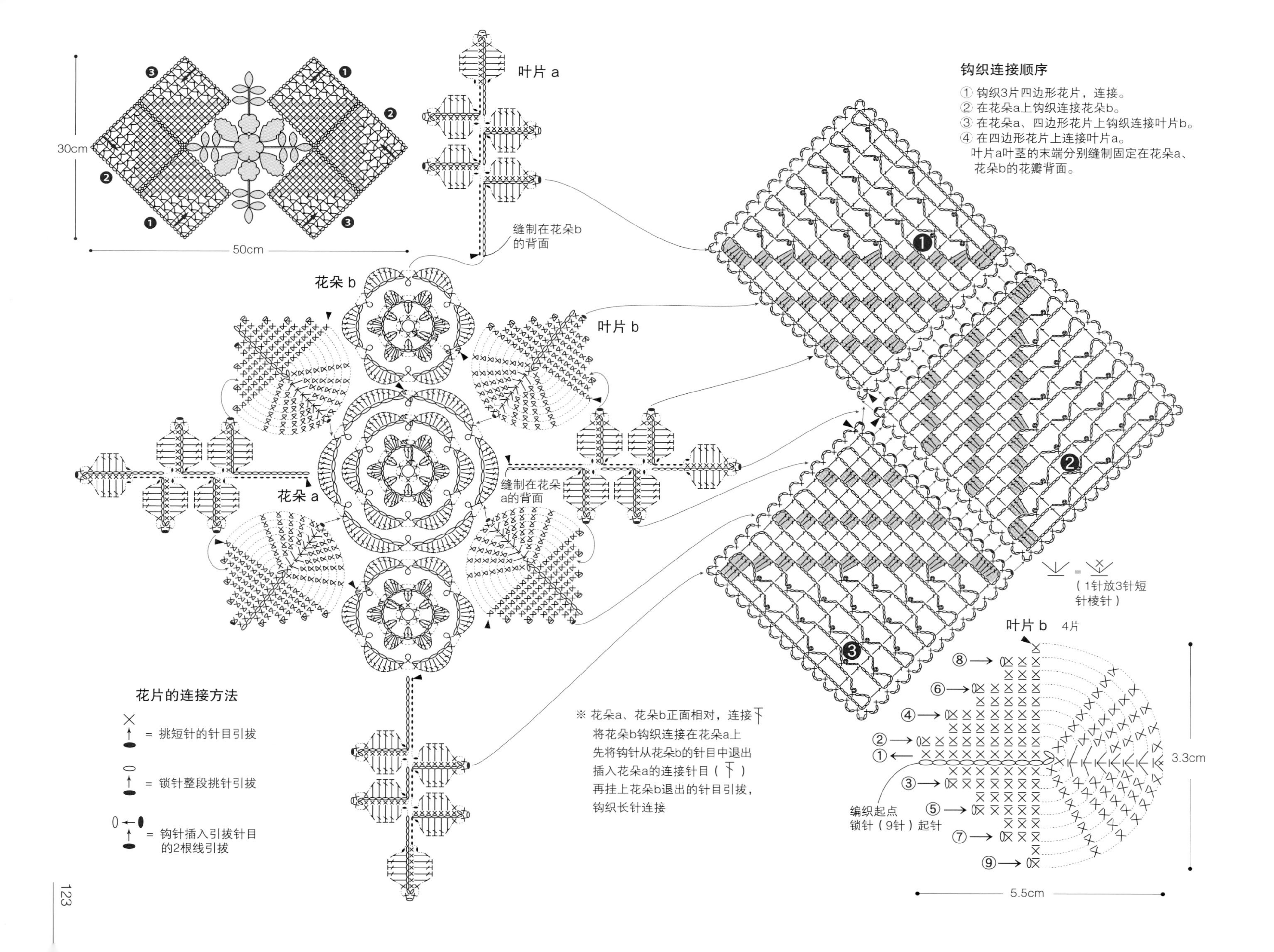
30cm
50cm
叶片 a
缝制在花朵b
的背面
花朵 b
叶片 b
花朵 a
缝制在花朵
a的背面
钩织连接顺序
① 钩织3片四边形花片，连接。
② 在花朵a上钩织连接花朵b。
③ 在花朵a、四边形花片上钩织连接叶片b。
④ 在四边形花片上连接叶片a。
叶片a叶茎的末端分别缝制固定在花朵a、
花朵b的花瓣背面。
= （1针放3针短
针棱针）
叶片 b 4片
编织起点
锁针（9针）起针
3.3cm
5.5cm
花片的连接方法
= 挑短针的针目引拔
= 锁针整段挑针引拔
= 钩针插入引拔针目
的2根线引拔
※ 花朵a、花朵b正面相对，连接
将花朵b钩织连接在花朵a上
先将钩针从花朵b的针目中退出
插入花朵a的连接针目（ ）
再挂上花朵b退出的针目引拔，
钩织长针连接

台心布 138

杯垫 139

钩织方法 ► p.126

设计 / 制作　松本薰

138、139

尺寸…参照图示

成品图 ➨p.124、p.125

138 台心布 /DMC Cebelia #10（712 奶黄色）42g（743 黄色）…15g（3364 橄榄绿色）…6g
139 杯垫 /DMC Cebelia #10（712 奶黄色）2g（743 黄色）…1g（3364 橄榄绿色）少许
蕾丝钩针 2 号
钩织密度 /10cm×10cm 面积内钩织方眼花样 48 针（16 格）×13.5 行

台心布的钩织顺序

1. 钩 115 针锁针起针，钩织 38 行方眼花样，完成后继续钩织 2 行边缘，断线。
2. 第 3 行使用橄榄绿色线，钩织叶片 18 个花样，断线。第 4、5 行使用奶黄色线钩织一圈。
3. 钩织玫瑰花瓣和花芯。花芯卷曲成形，缝合在花瓣中心，共制作 18 朵玫瑰花，缝制在指定位置。

杯垫的钩织顺序

1. 钩 31 针锁针起针，钩织 12 行方眼花样，完成后继续钩织 1 行边缘，断线。
2. 边缘钩织的第 2 行使用橄榄绿色线，钩织叶片，断线。第 3 行使用奶黄色线钩织一圈。第 4 行钩织叶片的凸出部分。
3. 制作一朵玫瑰花，缝制在指定位置。

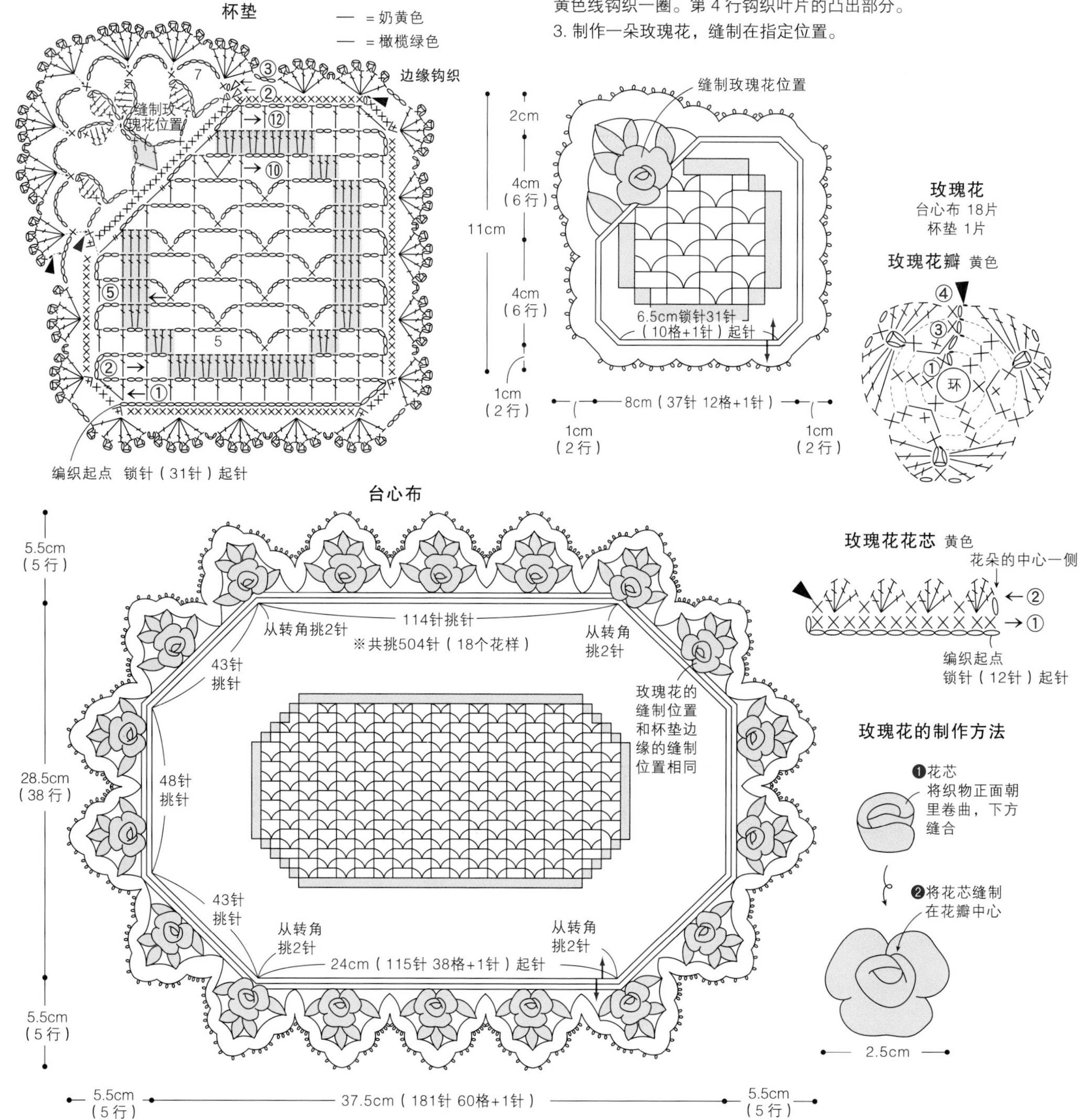

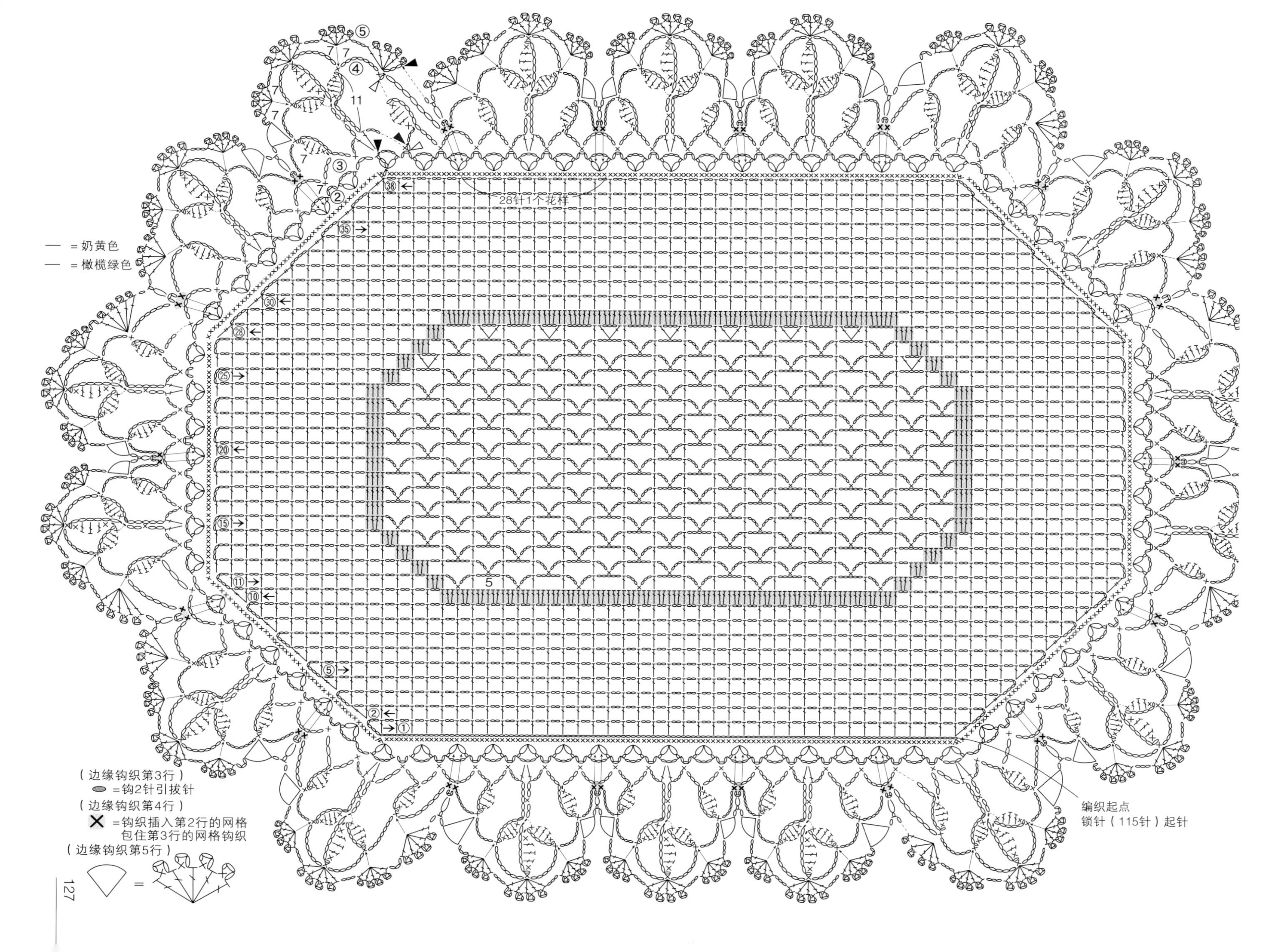
28针1个花样
— =奶黄色
— =橄榄绿色
编织起点
锁针（115针）起针
（边缘钩织第3行）
=钩2针引拔针
（边缘钩织第4行）
=钩织插入第2行的网格
包住第3行的网格钩织
（边缘钩织第5行）

D. MÁTAI MÁRIA
GEGŐ ELEK
AKADÉMIAI KIADÓ, BUDAPEST

台心布 140

杯垫 141

钩织方法 ►140：p.130　141：p.138　设计 / 制作　武田敦子

140

尺寸…参照图示

成品图➡p.128、p.129

奥林巴斯 Emmy Grande（804 原白色）…90g

蕾丝钩针0号

钩织顺序

1.钩织20朵花朵。

2.连接叶片和花朵。从叶片第2行开始，按照❶～⑳的顺序，一边钩织一边与花朵连接。

3.钩织主体。钩149针锁针起针，继续钩织44行花样。

4.将花朵与叶片缝制在主体上。花朵的中心与主体的★标记对齐，叶片均匀缝制在花朵之间，边缘置于花瓣上方。

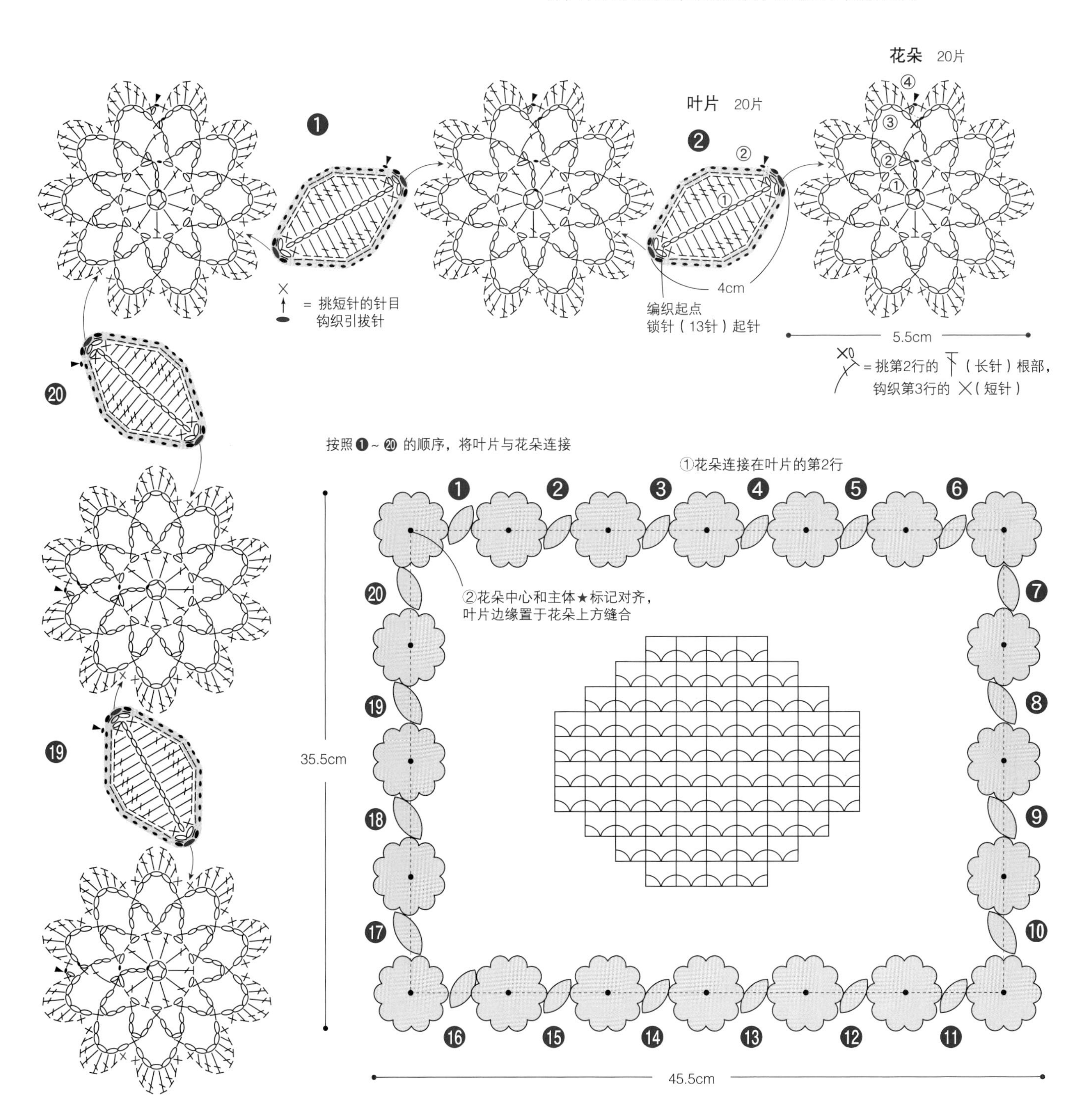

主体

★=花朵中心的对齐位置

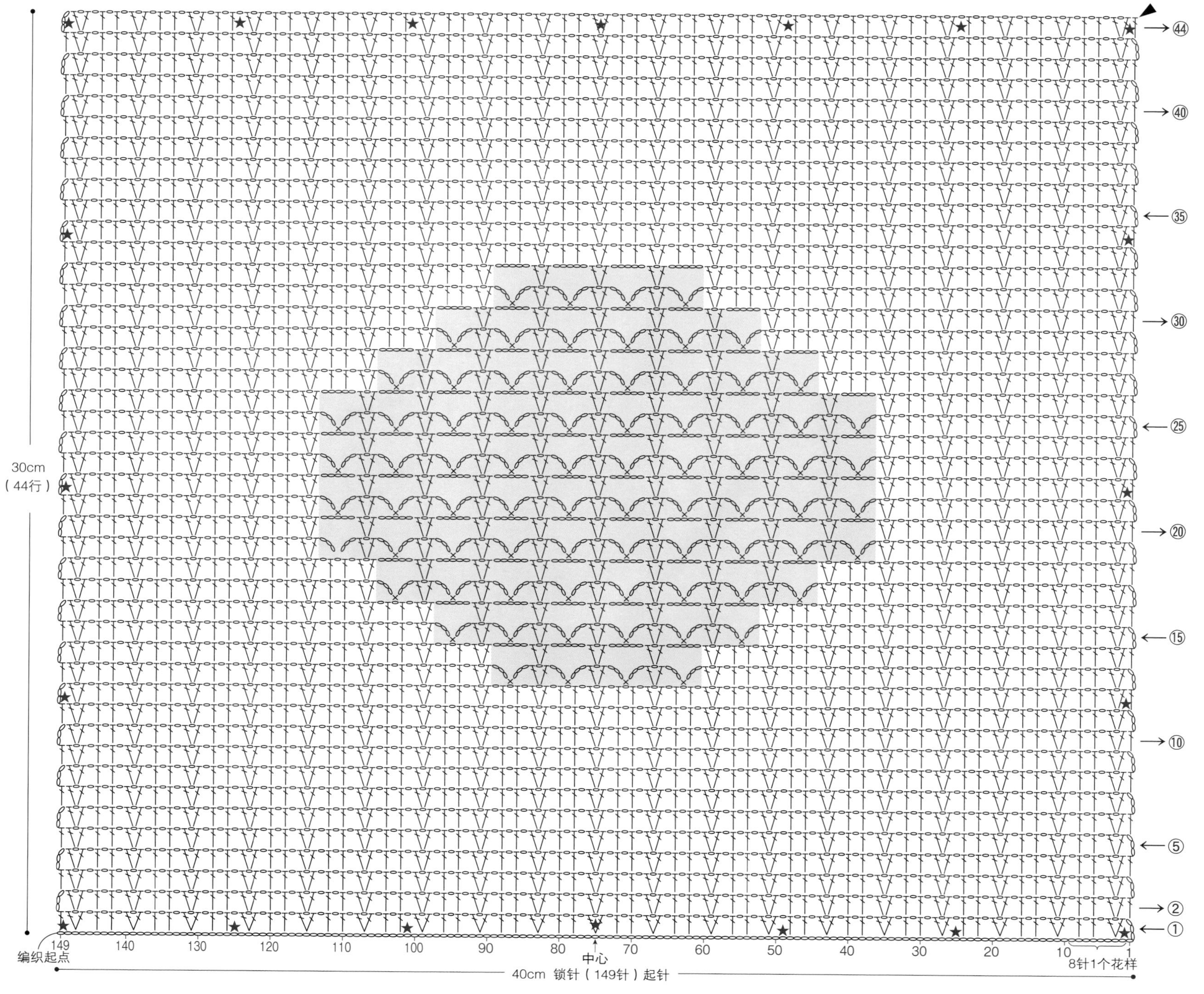

台心布 142

杯垫 143

钩织方法 ▸ 142：p.134　143：p.138

设计 / 制作　河合真弓

142

尺寸…参照图示

成品图 ➡p.132、p.133

钩织要点 ➡p.15

奥林巴斯　Emmy Grande
（851 霜白色）…51g
（238 橄榄绿色）…8g
Emmy Grande〈Herbs〉
（190 中国红色）…13g
蕾丝钩针 2 号
钩织密度 /10cm × 10cm 面积内钩织方眼花样
39 针（13 格）× 13 行

钩织顺序

1. 主体钩 130 针锁针起针，钩织 35 行方眼花样，两端按照图解加减针。
2. 从第 35 行开始，继续钩织 3 行边缘。
3. 钩织 8 朵立体玫瑰、16 片叶片。立体玫瑰的制作参照 p.15，钩织内侧的花瓣，卷曲成形后在根部缝合固定。
4. 将组合完成的立体玫瑰和叶片缝制在主体的四角。

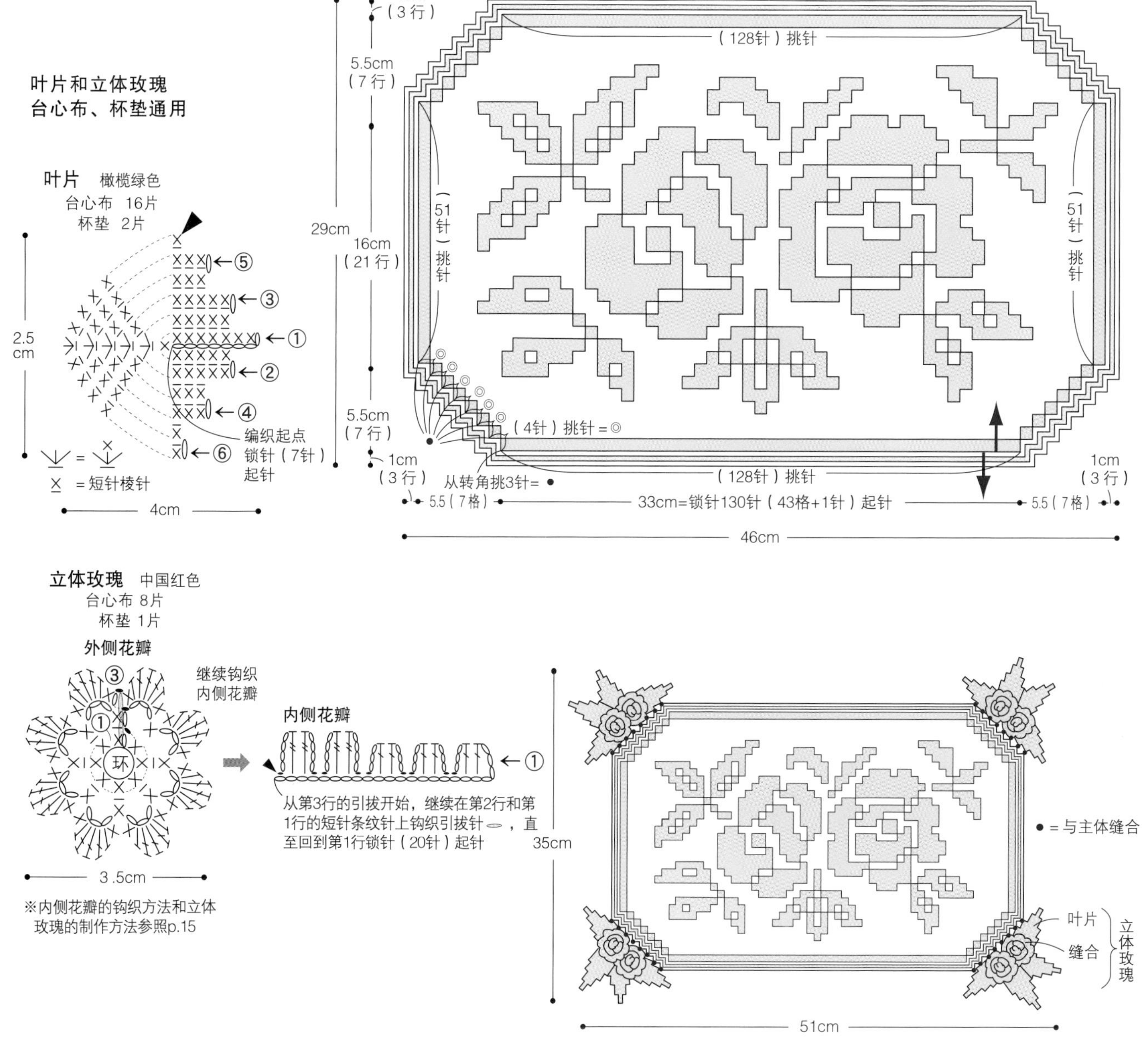

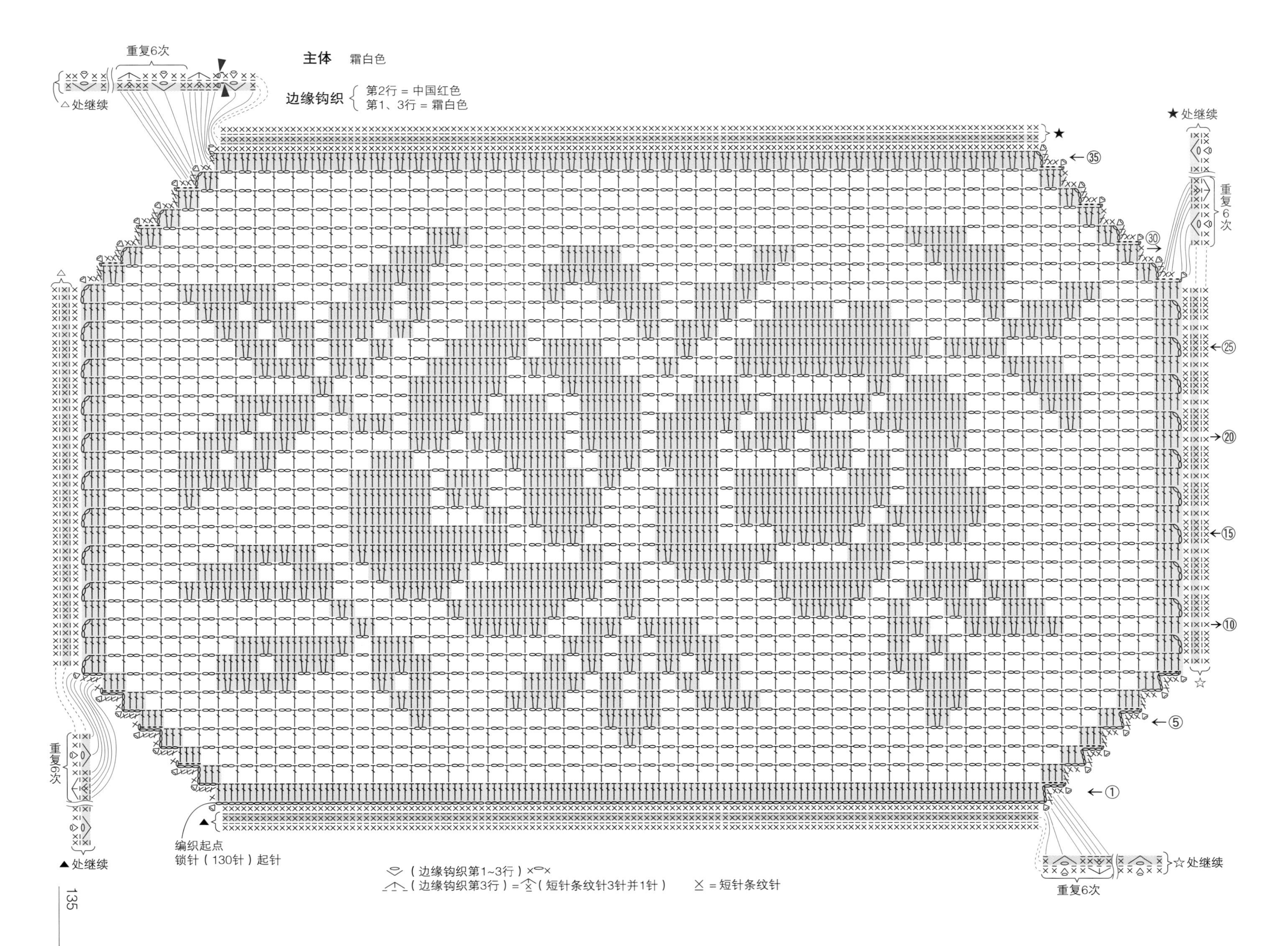
主体 霜白色
边缘钩织 { 第2行 = 中国红色
第1、3行 = 霜白色
重复6次
△处继续
★处继续
重复6次
★
㉟
㉚
㉕
⑳
⑮
⑩
⑤
①
☆
重复6次
▲处继续
编织起点
锁针（130针）起针
☆处继续
重复6次
（边缘钩织第1~3行）
（边缘钩织第3行）=（短针条纹针3针并1针）
= 短针条纹针

蕾丝作品的应用

Lacework Example

细腻优雅的蕾丝，仅仅是作为装饰就太可惜了。
蕾丝还有着多种多样的灵活运用呢！
家居装饰的亮点，潮流时尚的单品……尝试着去探索属于自我风格的钩针蕾丝吧！

使用心形装饰垫制作的可爱抱枕 98 成品图➨p.85

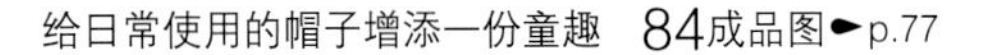

给日常使用的帽子增添一份童趣 84成品图➨p.77

在心爱的相册封面上装饰手工蕾丝垫 66成品图➨p.60

搭配花瓶或容器，营造和谐温暖的一角 25成品图 ➨ p.29

超大款竹编包上的直径20cm装饰垫 92成品图 ➨ p.81

儿童T恤胸口的点缀 83成品图 ➨ p.77

极简毛毯上的装饰 97成品图 ➨ p.85

作品的编织方法

成品图 ➡p.128、p.129

奥林巴斯　Emmy Grande
（804 原白色）…9g
蕾丝钩针 0 号

钩织顺序

1. 钩织花朵，在花朵上钩织连接 2 片叶片。
2. 钩织主体。钩 37 针锁针起针，钩织 14 行花样，继续钩织边缘。
3. 将花片缝制在主体上。花朵的中心和主体的★标记对齐缝合。叶片边缘置于花瓣和主体上方缝合。

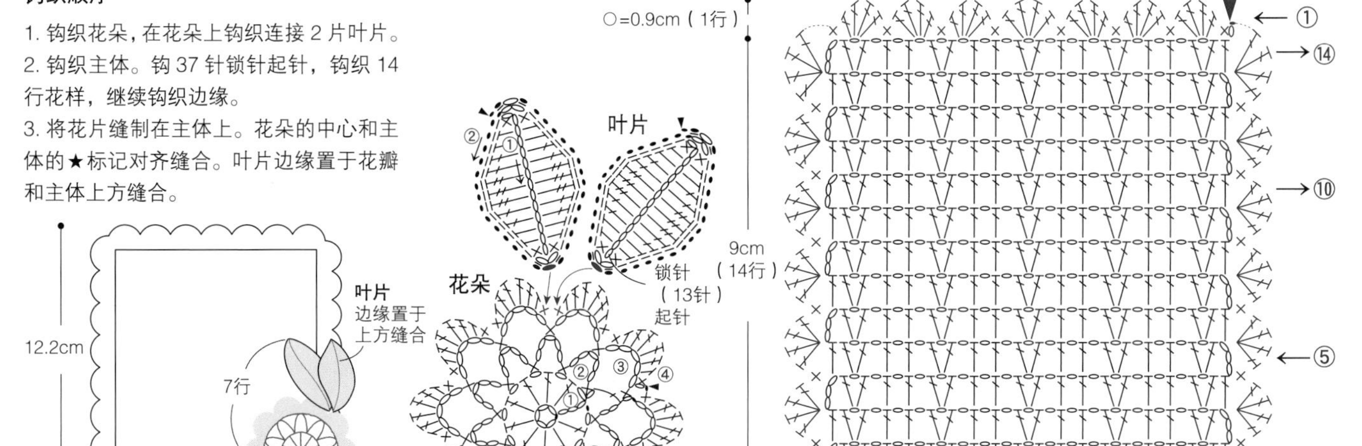

143

尺寸…参照图示

成品图 ➡p.132、p.133

奥林巴斯　Emmy Grande
（851 霜白色）…5g　（238 橄榄绿色）…1g
Emmy Grande〈Herbs〉（190 中国红色）…3g
蕾丝钩针 2 号

钩织方法

1. 主体钩 28 针锁针起针，钩织 13 行方眼花样。
2. 钩织边缘一圈。
3. 钩织 1 朵立体玫瑰、2 片叶片，组合缝制在主体上。

叶片和立体玫瑰的钩织方法参照 p.134

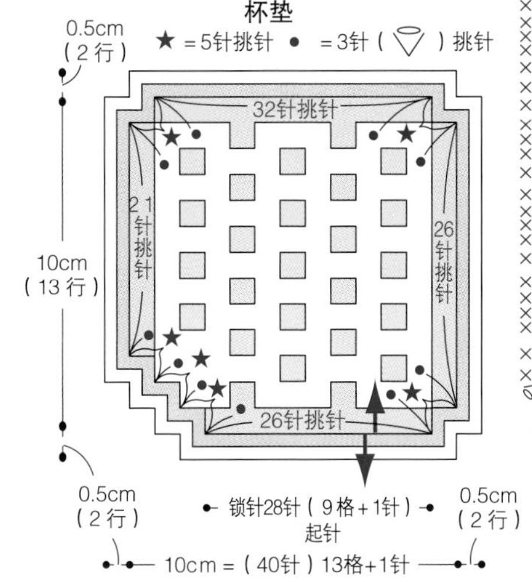

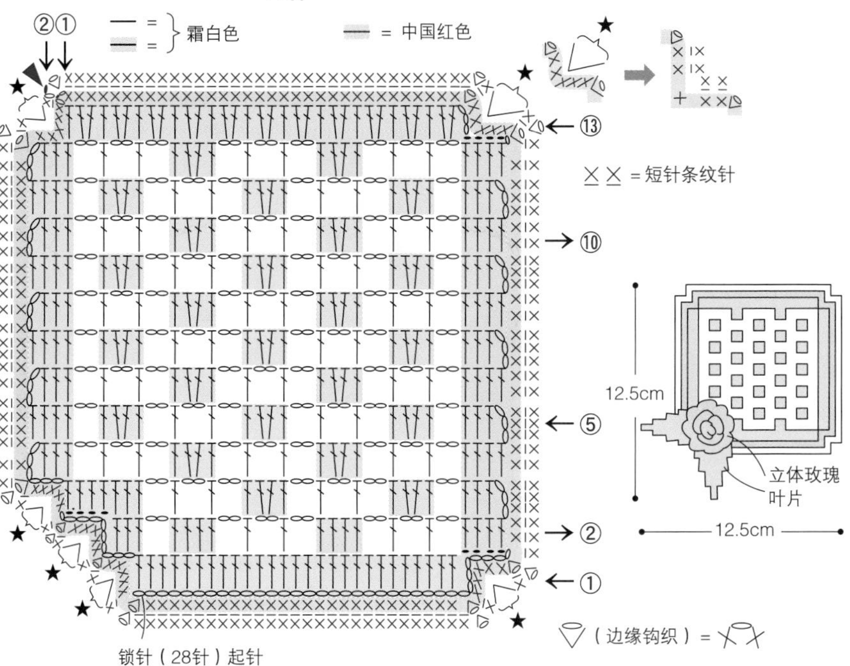

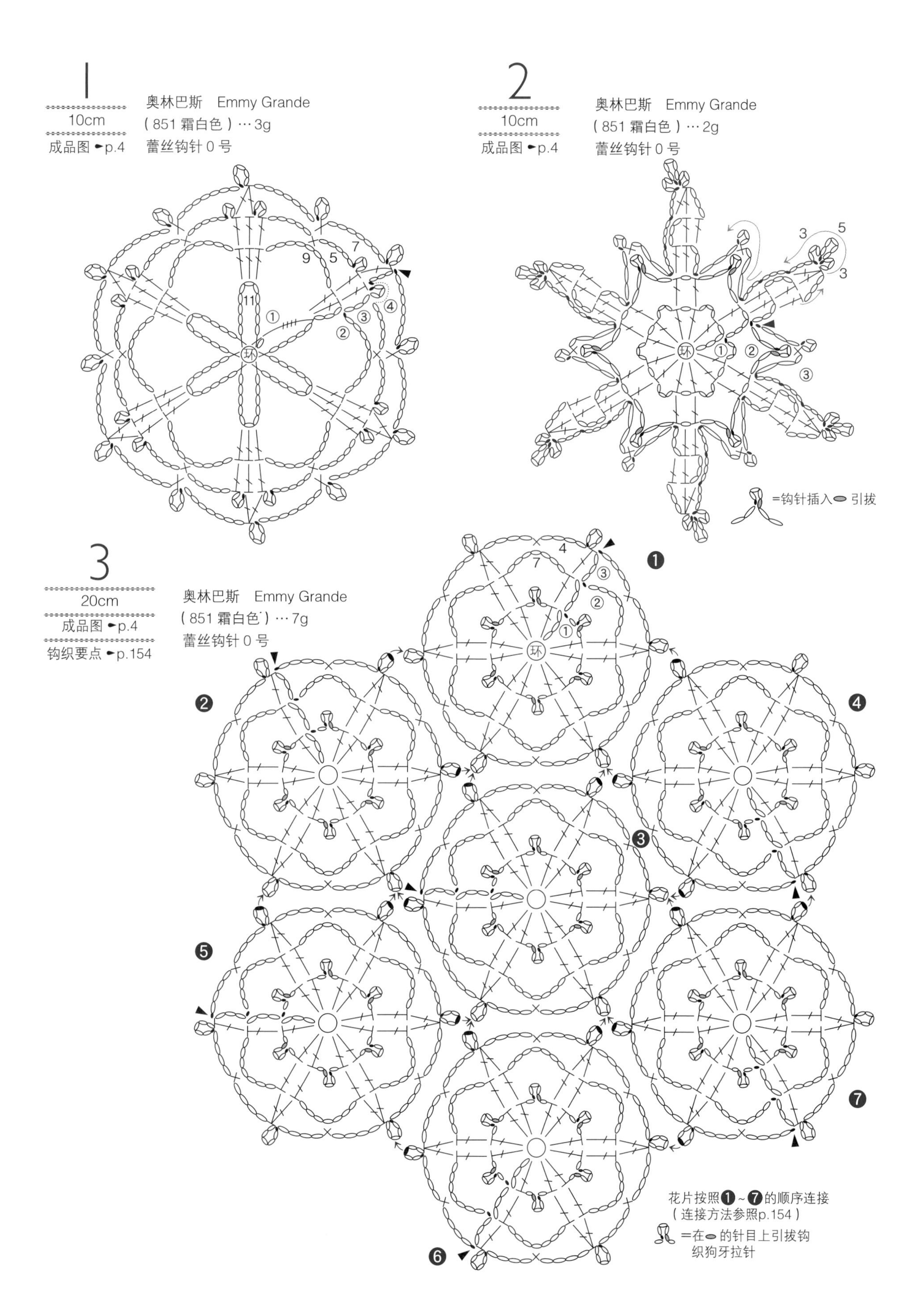
1
10cm
成品图 ➨p.4
奥林巴斯　Emmy Grande
（851 霜白色）…3g
蕾丝钩针 0 号
2
10cm
成品图 ➨p.4
奥林巴斯　Emmy Grande
（851 霜白色）…2g
蕾丝钩针 0 号
=钩针插入 引拔
3
20cm
成品图 ➨p.4
钩织要点 ➨p.154
奥林巴斯　Emmy Grande
（851 霜白色）…7g
蕾丝钩针 0 号
花片按照❶～❼的顺序连接
（连接方法参照p.154）
=在 的针目上引拔钩
织狗牙拉针

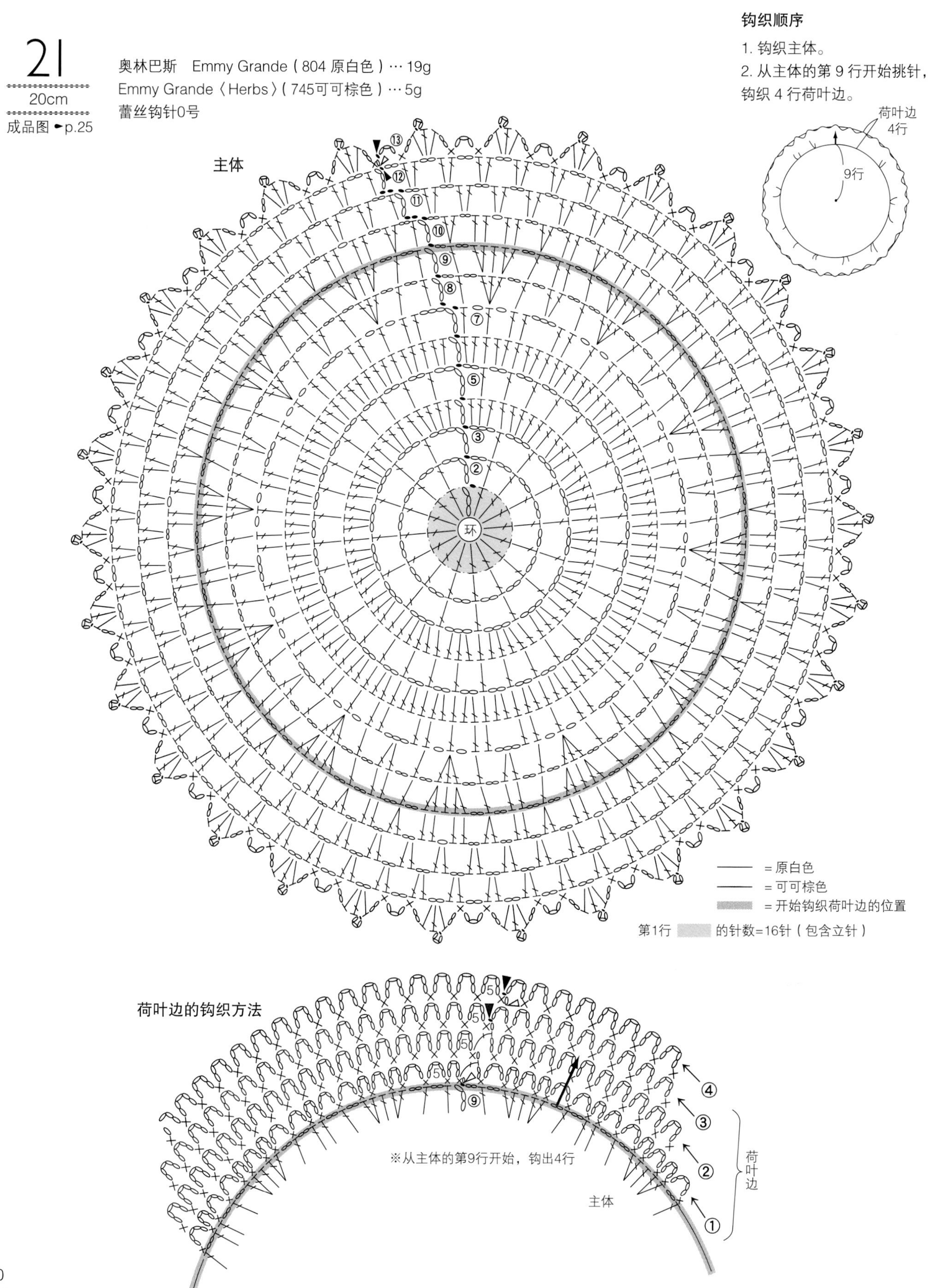
21
20cm
成品图 ▸p.25
奥林巴斯　Emmy Grande（804 原白色）… 19g
Emmy Grande〈Herbs〉（745可可棕色）… 5g
蕾丝钩针0号
钩织顺序
1. 钩织主体。
2. 从主体的第 9 行开始挑针，钩织 4 行荷叶边。
荷叶边 4行
9行
主体
环
= 原白色
= 可可棕色
= 开始钩织荷叶边的位置
第1行　的针数=16针（包含立针）
荷叶边的钩织方法
※从主体的第9行开始，钩出4行
主体
荷叶边

24

21cm

成品图 ➸p.29

横田　蕾丝线#30（15灰白色）…25g

蕾丝钩针4号

钩织顺序

1.基础部分绕线环起针，按照图解钩织8行。

2.钩织花片，第3行在基础部分的第8行上引拔连接。从第2片花片开始，分别与基础部分和相邻的花片连接。共钩织连接12片花片。

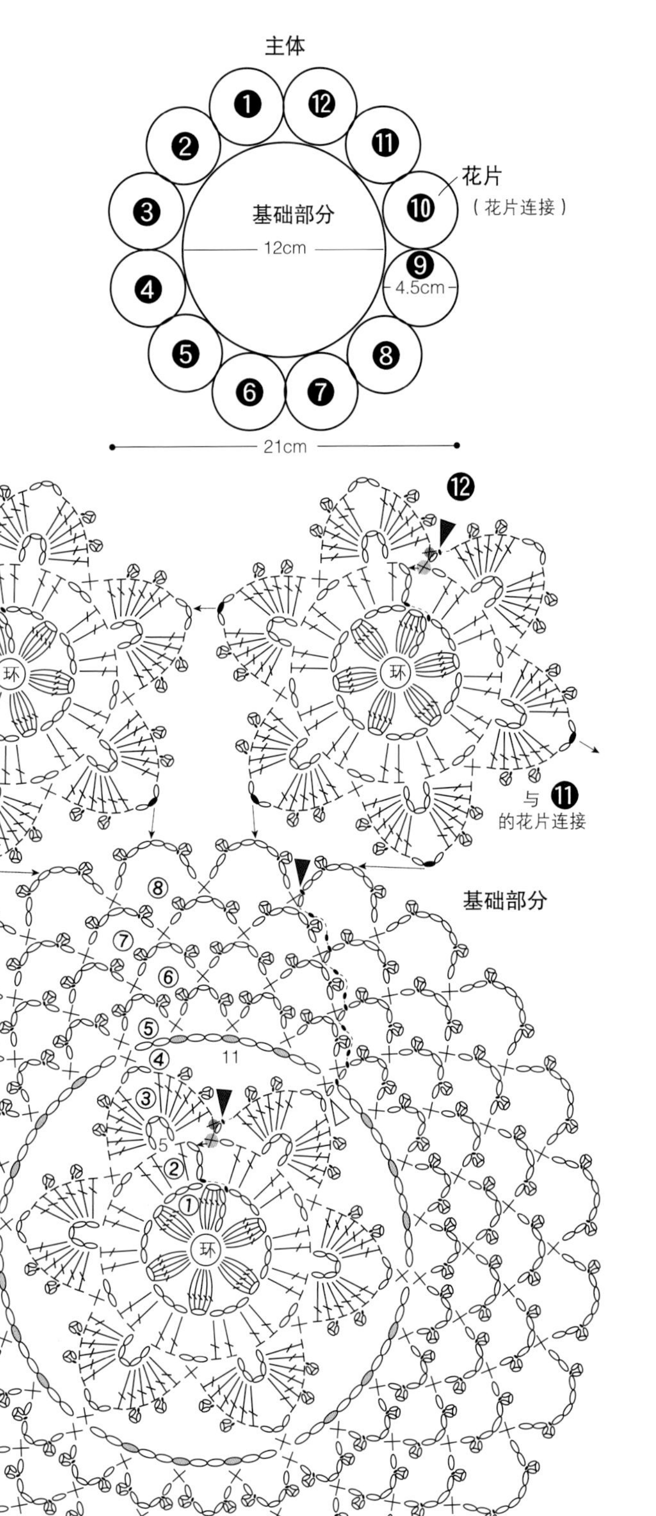

※花片按照❶～⑫的顺序连接

（基础部分第4行）＝钩针插入这一针目钩织第5行的短针

（基础部分和花片第3行）＝在第2行的针目上整段挑针

（花片和基础部分第1行）＝钩织5针长针的爆米花针

25

23cm

成品图 ➸p.29

横田　蕾丝线#30
（2原白色）…25g
蕾丝钩针4号

钩织顺序

1.基础部分钩6针锁针，绕成环作为起针，分散加针钩织14行，形成逐渐扩大的六边形。

2.钩织花片。线头绕成线环起针，连续钩织5片花瓣至第4行完成。从第5行开始，分别钩织每一片花瓣。在第3行的锁针上整段挑针，钩织短针和锁针（☆部分）。继续钩织a、b行，完成后渡线钩织下一片花瓣。第6行沿花瓣钩织一圈。

3.将花片缝制在基础部分上。

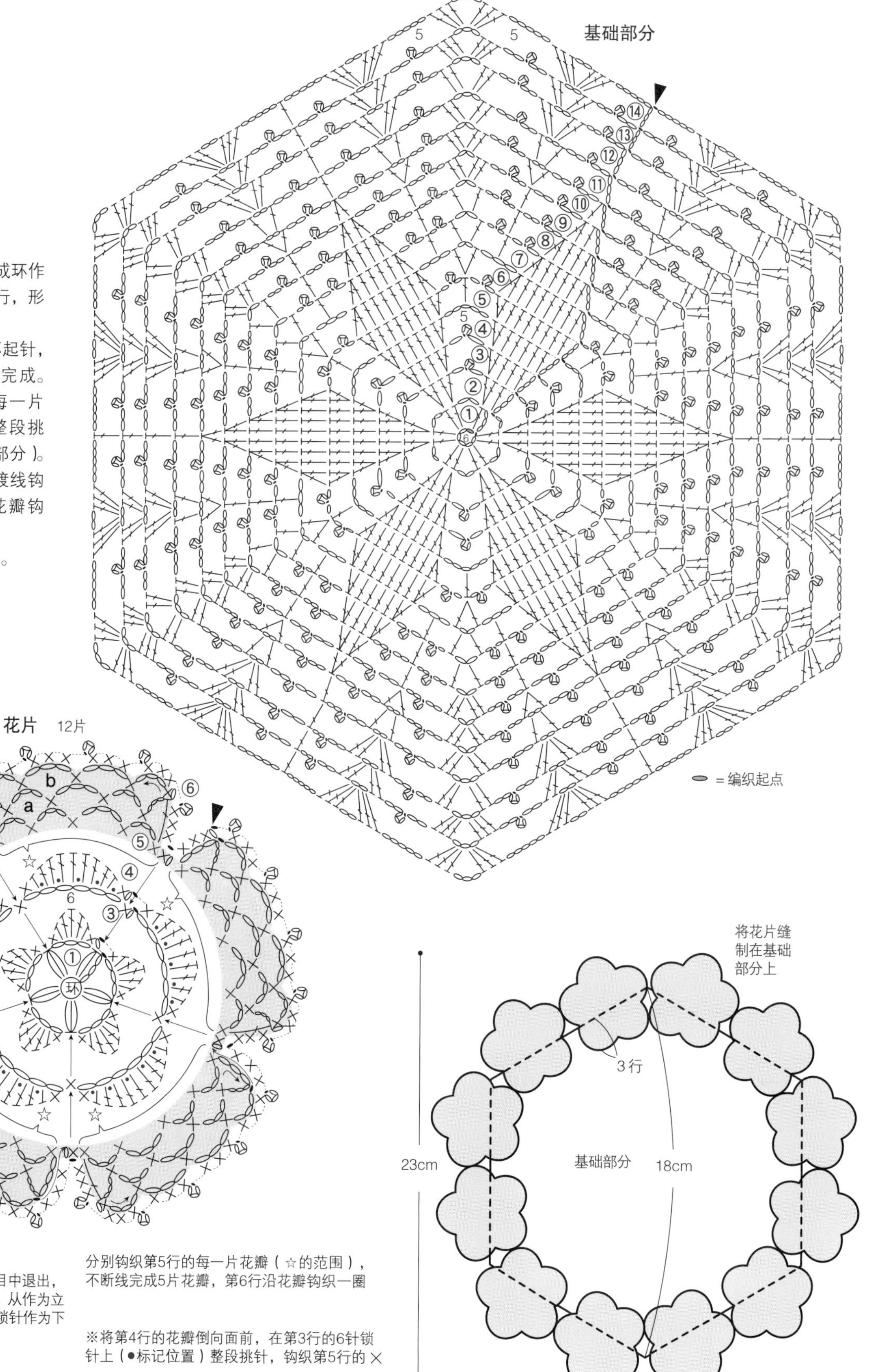

（b的最后）= 渡线

※完成引拔后，钩针从针目中退出，线团穿过针目，拉线抽紧。从作为立针的3针锁针渡线，钩1针锁针作为下一片花瓣的立针

分别钩织第5行的每一片花瓣（☆的范围），不断线完成5片花瓣，第6行沿花瓣钩织一圈

※将第4行的花瓣倒向面前，在第3行的6针锁针上（●标记位置）整段挑针，钩织第5行的×

13

15cm

成品图 ▸p.21

钩织要点 ▸p.9

奥林巴斯　Emmy Grande
（804 原白色）… 6g
Emmy Grande〈Herbs〉
（560 浅黄色）… 3g
蕾丝钩针0号

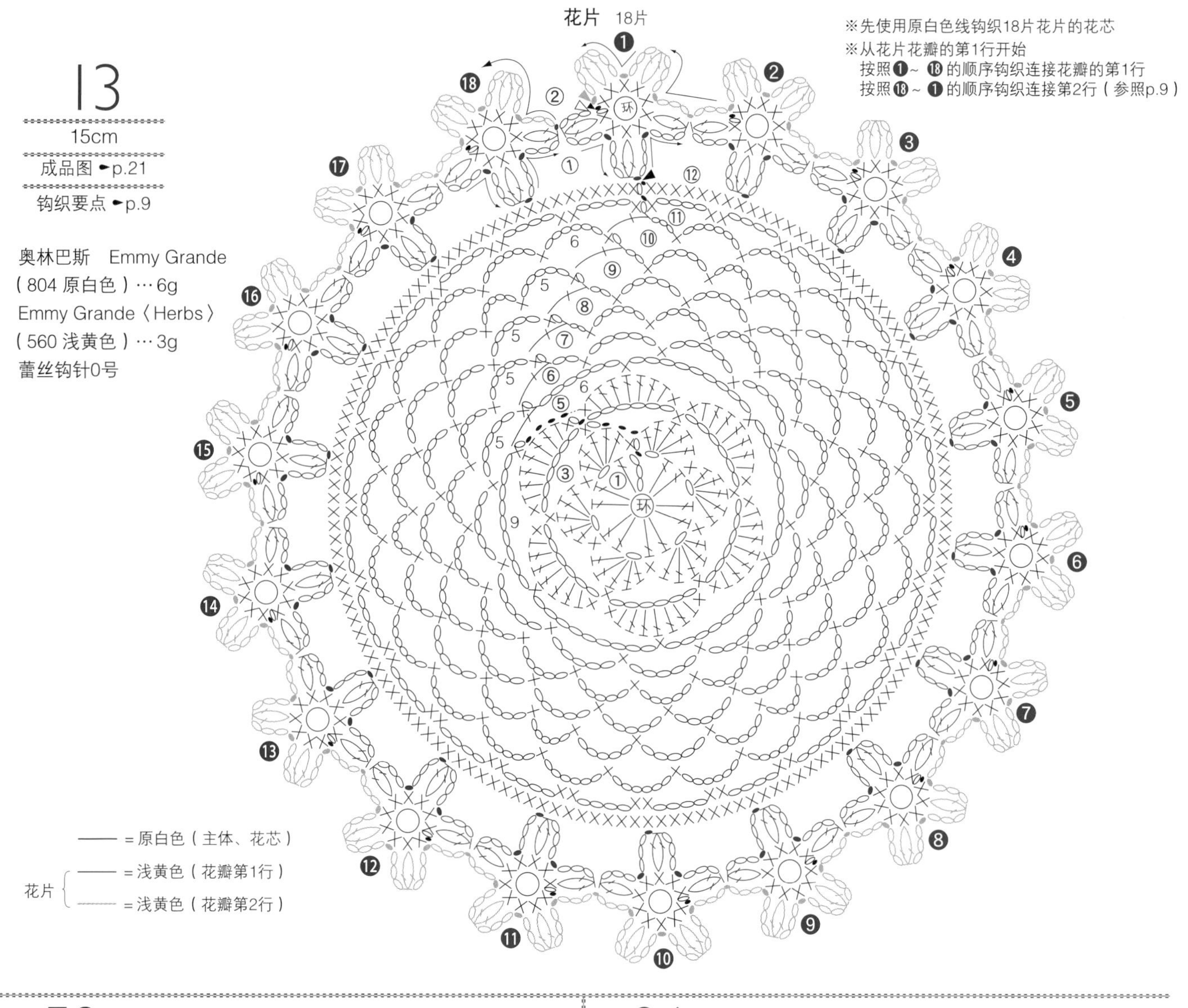

50

尺寸…参照图示

成品图 ▸p.45

奥林巴斯　Emmy Grande
（162 雾霾粉色）… 1g
（243 茶绿色）… 少许
蕾丝钩针 2 号

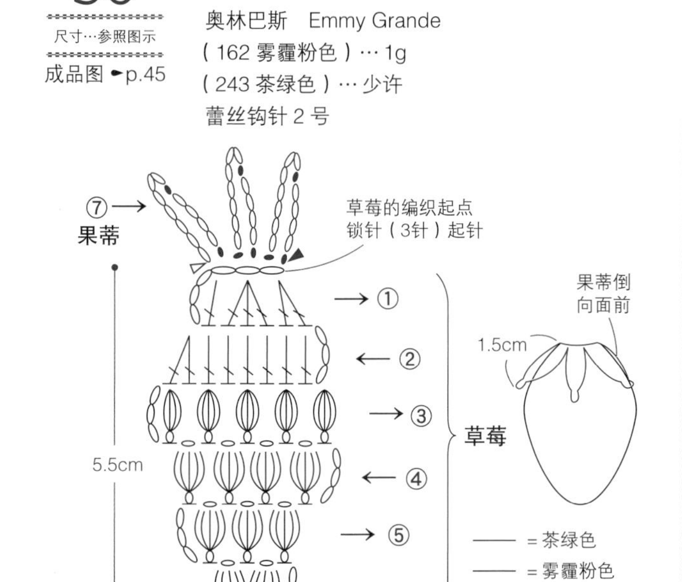

86

宽10cm

成品图 ▸p.77

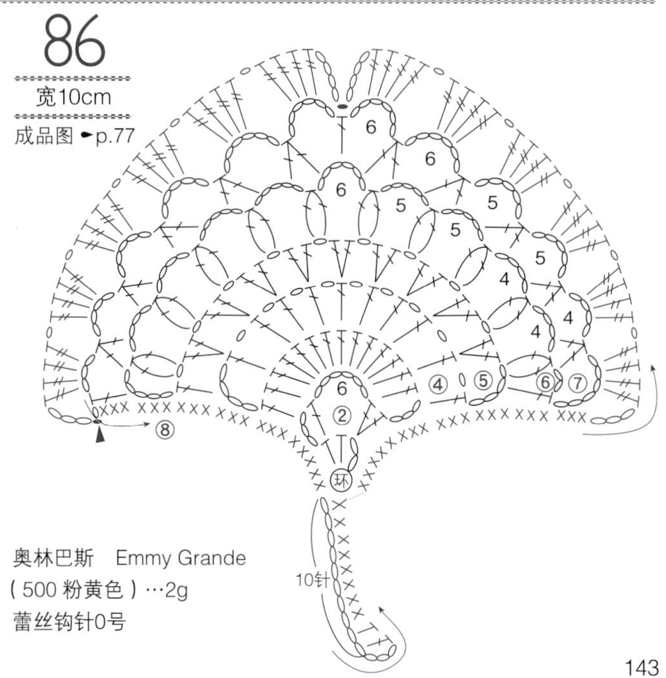

奥林巴斯　Emmy Grande
（500 粉黄色）…2g
蕾丝钩针0号

97

15cm

成品图 ►p.85

钩织要点 ►p.10

奥林巴斯　Emmy Grande
（804 原白色）…12g
蕾丝钩针2号

钩织顺序（参照p.10）

1.钩织花片ⓐ。
2.一边钩织花片ⓑ，一边与花片ⓐ连接。
3.钩织外围的第1行。再一边钩织第2行，一边与花片ⓐ、ⓑ连接。
4.第2行完成后继续钩织，分别按照Ⓐ、Ⓑ、Ⓒ的顺序，钩织填充内侧一圈的空间。

121

18cm

成品图 ►p.105

钩织要点 ►p.12

奥林巴斯　Emmy Grande〈Herbs〉
(141 桃红色)… 15g
蕾丝钩针 2 号

钩织顺序

1. 中心绕线环起针，第 1 行钩织 6 次 2 针长针枣形针，每两次之间钩 4 针锁针，第 2 行钩织短针和锁针，完成 6 个心形花样，断线 (参照 p.12)。
2. 从第 3 行至第 9 行，重复钩织 12 个花样。
3. 第 10 行钩织 24 个心形花样。

125

15cm

成品图 ➤p.108

钩织要点 ➤p.15

奥林巴斯　Emmy Grande
（808 奶黄色）、（288 苔绿色）… 各 3g
Emmy Grande〈Colors〉
（127 紫红色）… 2g
（555 金橙色）、（188 胭脂红色）… 各 1g
Emmy Grande〈Herbs〉
（273 柳绿色）… 1g
蕾丝钩针 0 号

钩织顺序

1. 线头绕线环起针，钩织蝴蝶翅膀❶。分别加线，钩织翅膀❷～❹。
2. 加线，沿翅膀一圈钩织 1 行边缘。
3. 在蝴蝶的指定位置加线，钩织触角。
4. 钩织藤蔓和叶片 A、叶片 B，组合整理成叶片圆环（参照 p.15）。
5. 钩织指定数量的立体玫瑰。留出编织起点和编织终点的线头，用于打结固定。缝制在藤蔓和叶片 A 的指定位置。
6. 将叶片缝制在蝴蝶上。 缝制方法参照下方图示。

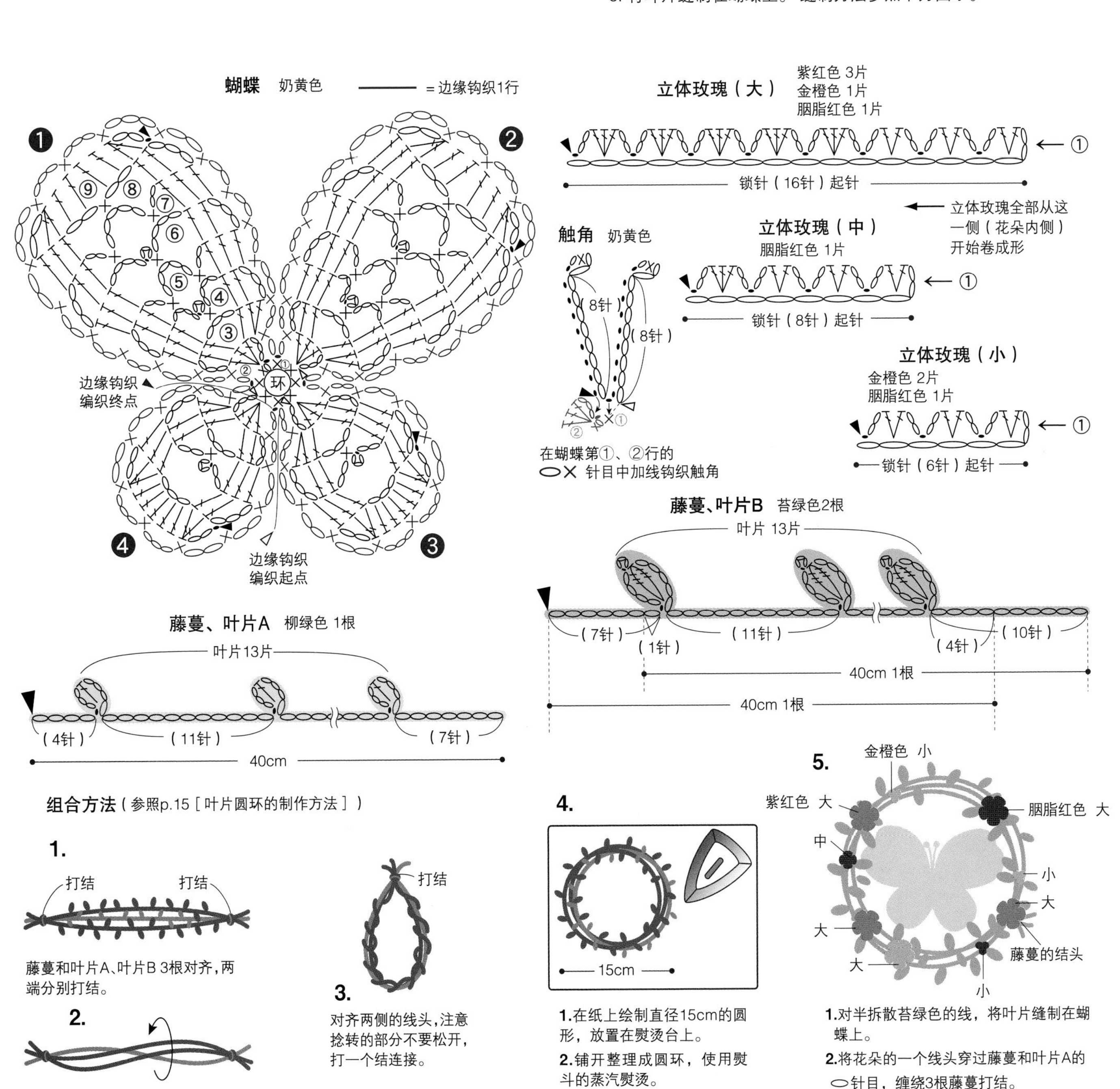

组合方法（参照p.15［叶片圆环的制作方法］）

1. 打结　打结

藤蔓和叶片A、叶片B 3根对齐，两端分别打结。

2. 固定一侧，扭转12圈。

3. 打结

对齐两侧的线头，注意捻转的部分不要松开，打一个结连接。

4. 15cm

1. 在纸上绘制直径15cm的圆形，放置在熨烫台上。
2. 铺开整理成圆环，使用熨斗的蒸汽熨烫。

5. 金橙色 小　紫红色 大　胭脂红色 大　中　小　大　大　大　小　藤蔓的结头

1. 对半拆散苔绿色的线，将叶片缝制在蝴蝶上。
2. 将花朵的一个线头穿过藤蔓和叶片A的⬭针目，缠绕3根藤蔓打结。

126

15cm

成品图 ►p.108

奥林巴斯　Emmy Grande
(804 原白色)… 5g
(238橄榄绿色)…2g
(288苔绿色)…1g
Emmy Grande〈Colors〉(514金黄色)、
(755红陶棕色)…各2g
(172深橙色)…1g
蕾丝钩针0号

钩织顺序

1. 主体钩 3 针锁针起针，按照图解钩织 6 行。从第 7 行开始先钩织右侧，再加线钩织左侧。继续沿外围一圈钩织 4 行。
2. 加苔绿色线，钩织 1 行边缘。
3. 钩织藤蔓和叶片，参照图解绕在边缘上。编织起点和编织终点时都留出一段线，用于打结。
4. 按照指定数量，钩织立体玫瑰（大）（小），编织起点和编织终点时都留出一段线，用于打结。最后穿绕打结，固定在藤蔓上叶片的根部。

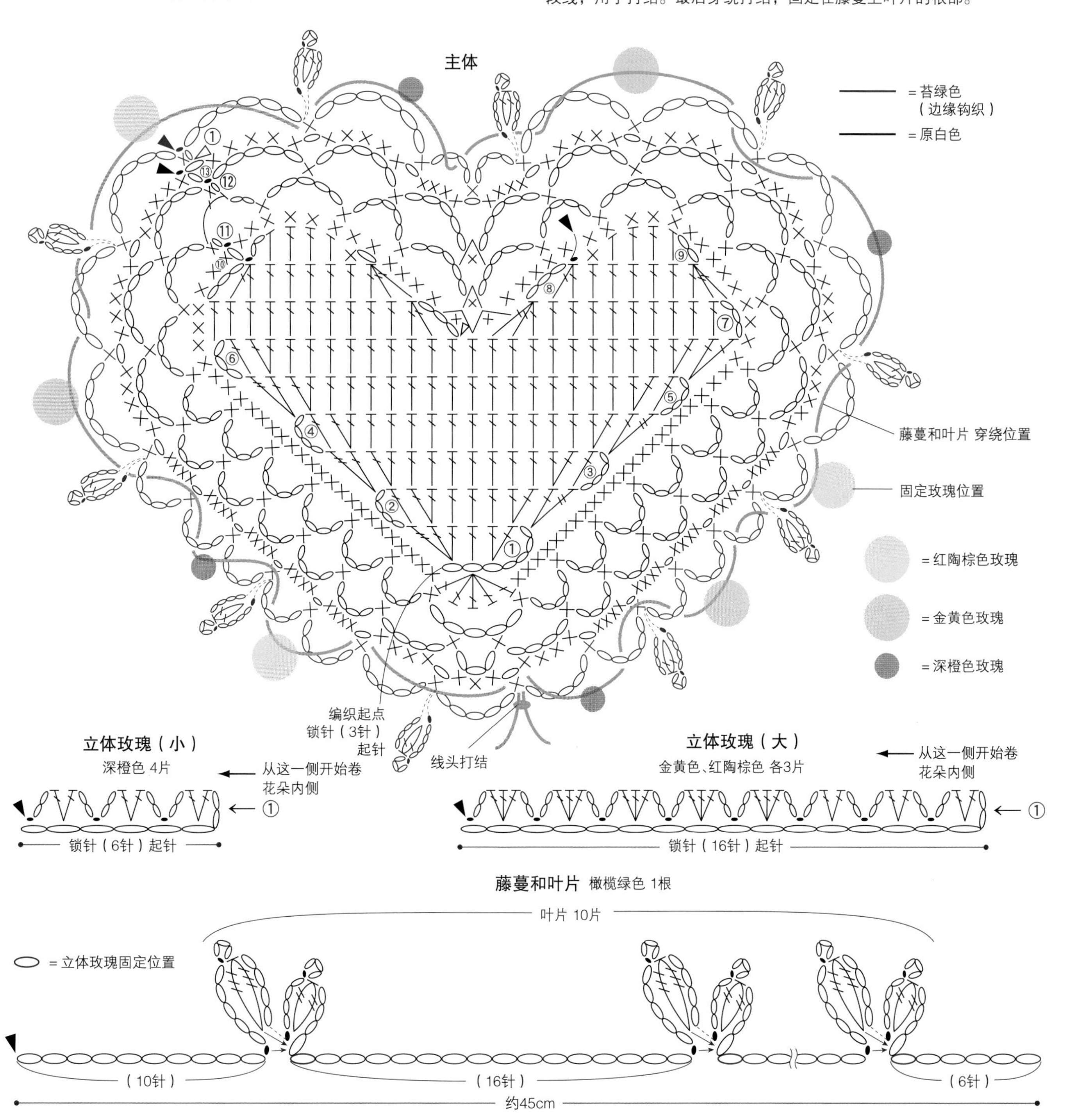

奥林巴斯　Emmy Grande
（243 茶绿色）…6g（804 原白色）…2g
Emmy Grande〈Lame〉
（L116 粉色）…2g（L539 黄色）…2g
蕾丝钩针 0 号

钩织顺序

1. 主体中心绕线环起针，使用原白色线钩织 5 行，断线。
2. 外围的小花朵花片使用茶绿色线钩织 4 行，断线。开始的第 1 片钩织引拔针与主体连接，从第 2 片开始，分别钩织引拔针，与主体和相邻的花片连接。共钩织 12 片。
3. 交替使用粉色线和黄色线，在小花朵花片的第 2 行上加钩花瓣。

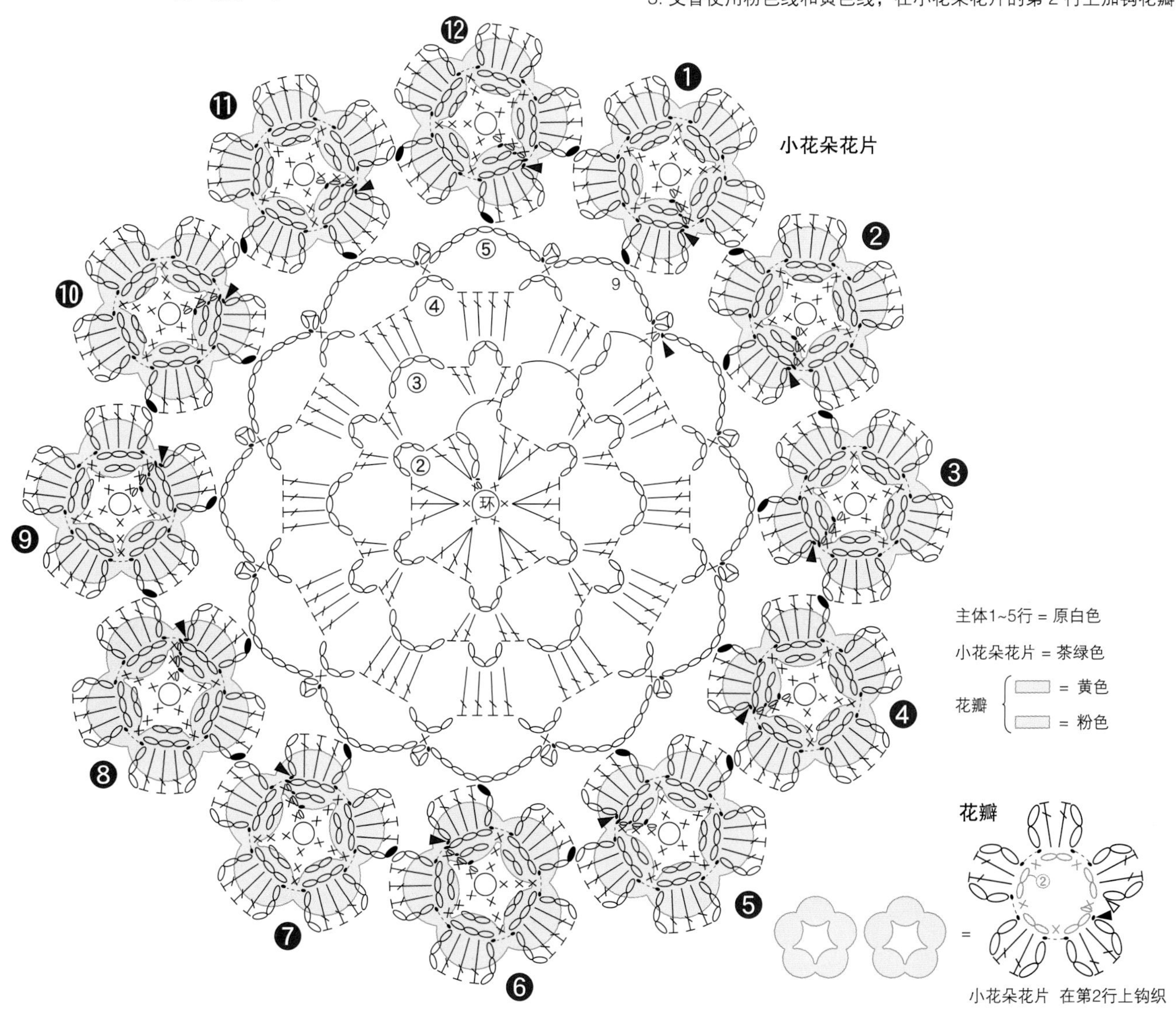

作品钩织要点：

小花朵花片花瓣的钩织方法

1　先钩织连接完成一圈的小花朵花片。织物正面朝前，在第 2 行的 2 针锁针上整段挑针，加线。

2　钩 2 针锁针，再在加线位置的 2 针锁针上整段挑针，钩 1 针长针。钩针再插入相同位置，整段挑针，再钩 1 针长针。

3　钩 2 针锁针，再在相同位置钩织引拔针。以同样的方法，重复钩织引拔针、2 针锁针、2 针长针、2 针锁针、引拔针，完成一圈。在背面处理线尾。

128

15cm

成品图 ➸p.109

钩织要点 ➸p.11

奥林巴斯
Emmy Grande（804 原白色）…5g
Emmy Grande〈Herbs〉
（273 柳绿色）、
（341 浅蔚蓝色）…各 5g
蕾丝钩针 0 号

钩织顺序

1. 绕线环起针，第 1 行使用浅蔚蓝色线钩［1 针短针、12 针锁针］，重复 12 次。
2. 第 2、3 行使用柳绿色线钩织。
3. 第 4 行以后使用原白色线钩织。第 4、5 行一圈重复 12 个花样，从第 6 行至第 11 行钩织 24 个花样（参照 p.11）。
4. 从第 7 行的锁针和短针挑针，使用浅蔚蓝色线钩织荷叶边。以同样的方法，从第 8 行挑针，使用柳绿色线钩织荷叶边（参照 p.11）。

129

18cm

成品图 ➸ p.109

奥林巴斯　Emmy Grande
(161 贝壳粉色)…8g
(111 浅珍珠粉色)…7g
Emmy Grande〈Herbs〉
(171 橘红色)…8g
蕾丝钩针 0 号

钩织顺序

1. 主体钩 4 针锁针，绕成环作为起针，参照图解钩织 11 行。
2. 线头绕成线环起针，钩织花片❶。最后一行钩织指定针数的长针，与主体连接。
3. 按照❷～⓰的顺序钩织花片，并钩织指定针数的长针，与主体和相邻的花片连接。

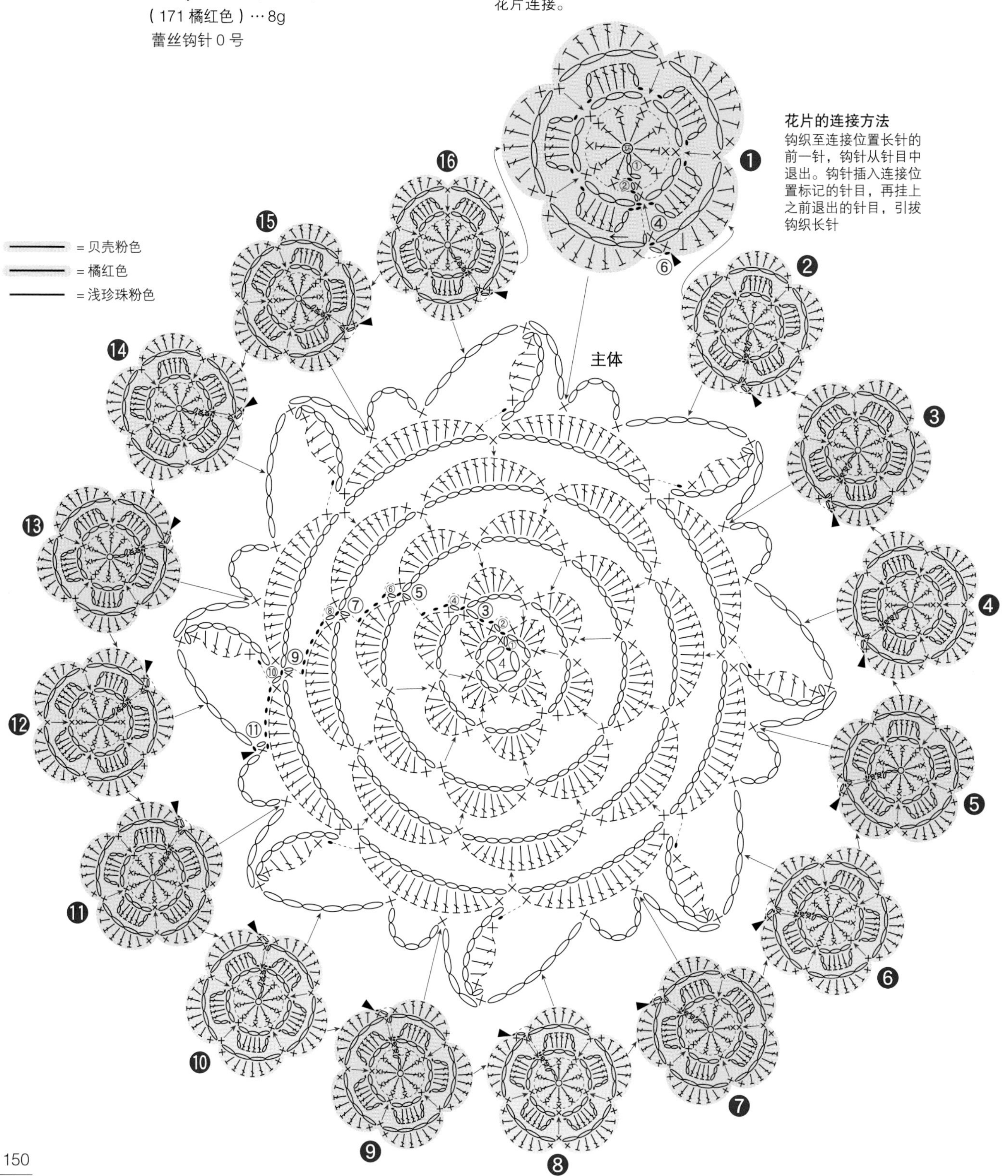

奥林巴斯 Emmy Grande〈Herbs〉
（745 可可棕色）… 4g
（341 浅蔚蓝色）… 2g
Emmy Grande（804 原白色）… 1g
蕾丝钩针 0 号

钩织顺序

1. 中心钩 4 针锁针，绕成环作为起针，使用原白色线钩织 3 行短针条纹针。
2. 第 4 行挑第 3 行短针针目的上半针，引拔浅蔚蓝色线，钩织 16 片花瓣。
3. 在花瓣外侧加可可棕色线，从第 5 行钩织至第 10 行。
4. 后加的花芯挑第 3 行短针针目内侧的半针，使用可可棕色线，钩织引拔针和锁针（参照 p.14）。

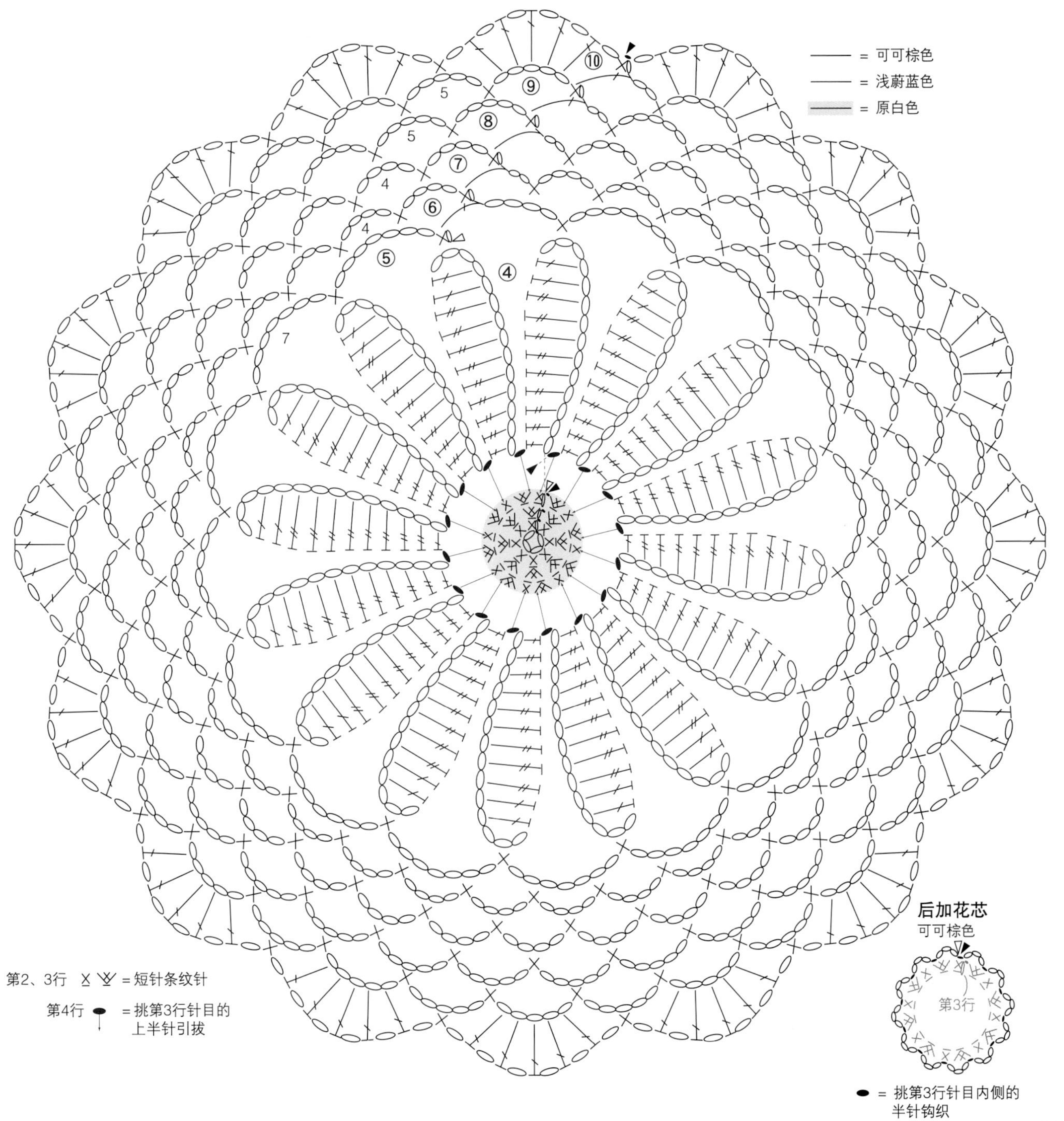

奥林巴斯　Emmy Grande
(672 浅紫丁香色)…80g
(623 紫罗兰色)…23g
(676 深紫色)…15g
蕾丝钩针 2 号

钩织顺序

1. 钩织主体。使用浅紫丁香色线，线头绕线环起针，钩织 4 行。参照 p.15，加深紫色线钩织第 5、6 行。以同样的方法，换浅紫丁香色线钩织 7~10 行，深紫色线钩织 11、12 行，浅紫丁香色线钩织 13~29 行。换线时包住线头一起钩织。
2. 荷叶边钩织条纹图案。更换配色线时，先留下原来的线，再次更换时，上引继续钩织（参照 p.15）。
3. 钩织大花朵、小花朵各 9 片，交替将花朵中心与主体的第 28 行对齐，缝合。

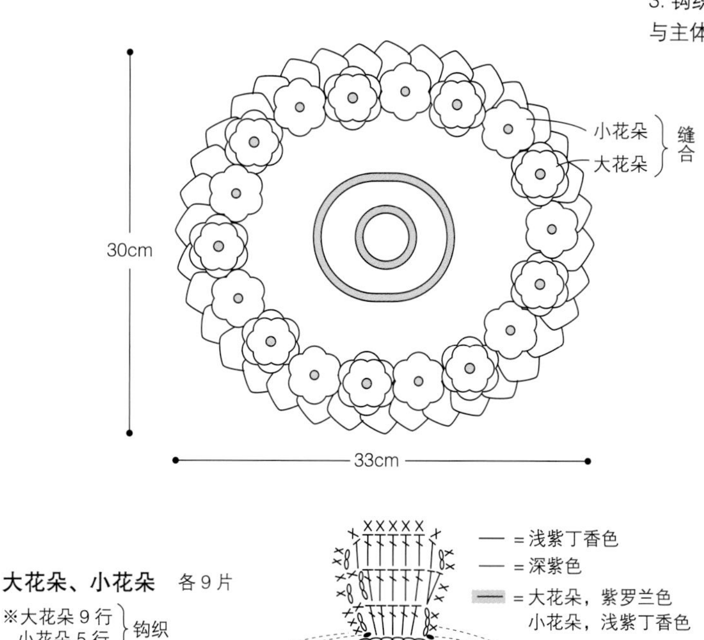

荷叶边第 1 行
9 针

大花朵、小花朵　各 9 片

※大花朵 9 行
　小花朵 5 行　钩织

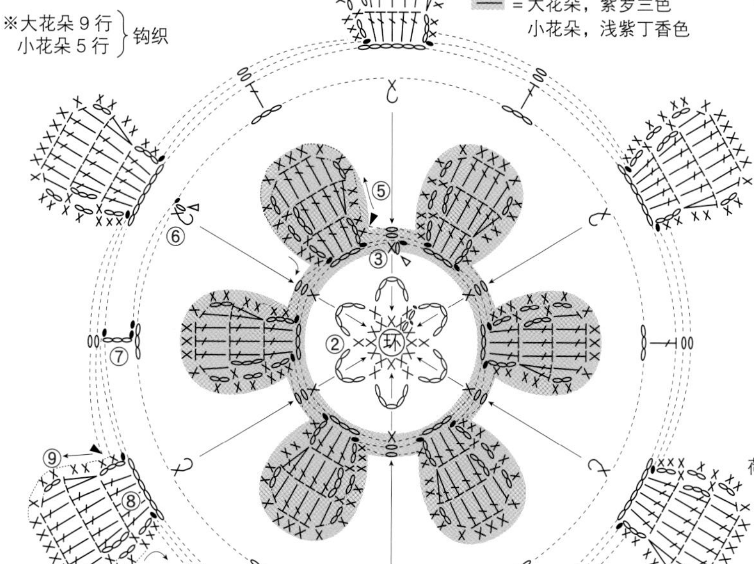

花朵的钩织顺序

1. 线头绕线环起针，围着一圈钩织第 1 行至第 3 行。
2. 第 4 行一片一片钩织内侧的花瓣。花瓣钩织 3 行，从左侧开始，向下钩织锁针和短针，至第 1 行引拔。钩 1 针锁针，引拔继续钩织下一片花瓣。
3. 围着第 4 行的花瓣一圈钩织第 5 行。
4. 大花朵以同样的方法，钩织 6~9 行外侧的花瓣。

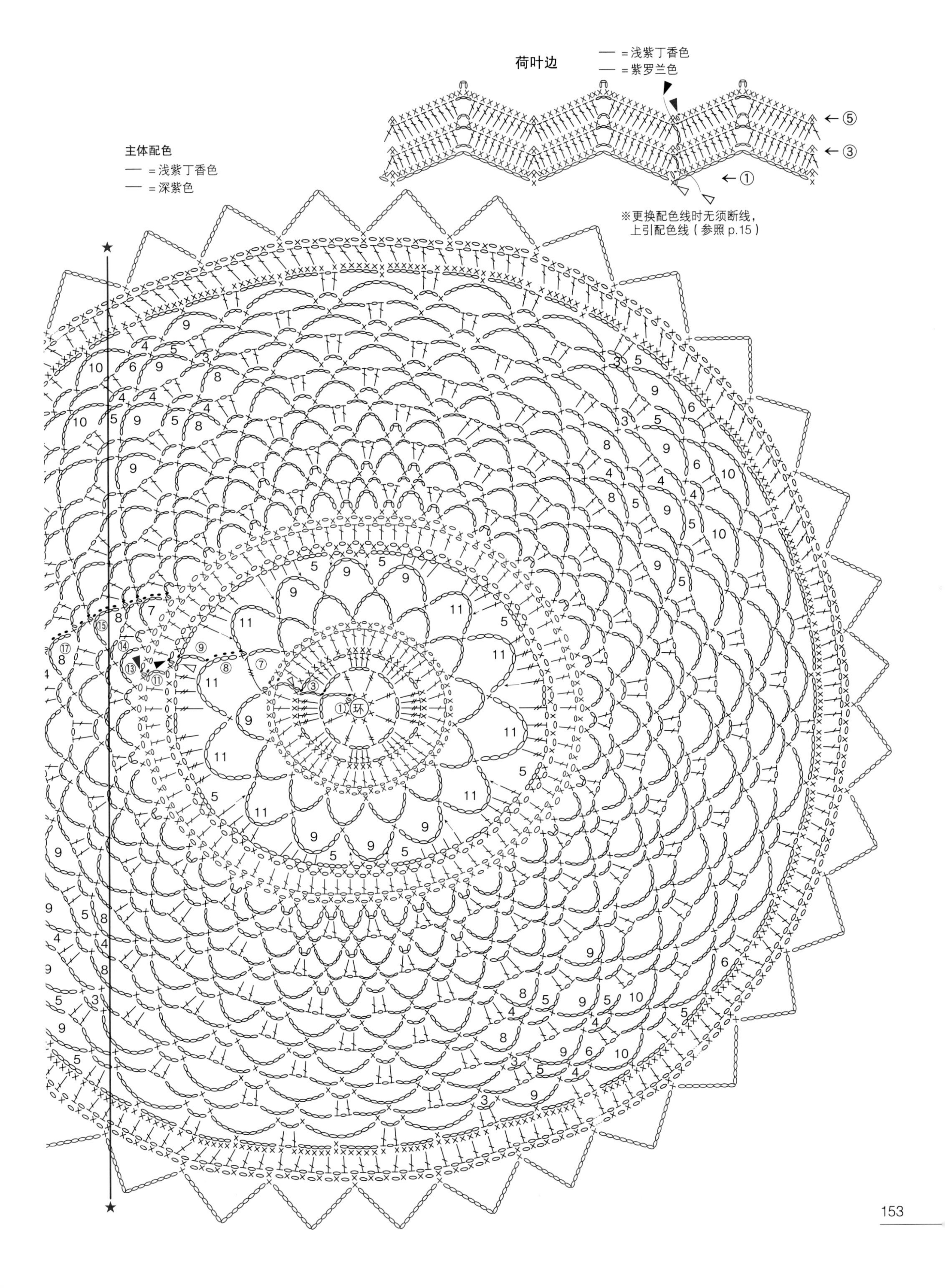
荷叶边
— =浅紫丁香色
— =紫罗兰色
※更换配色线时无须断线，
上引配色线（参照 p.15）
主体配色
— =浅紫丁香色
— =深紫色

Material Guide
本书中所使用的线材

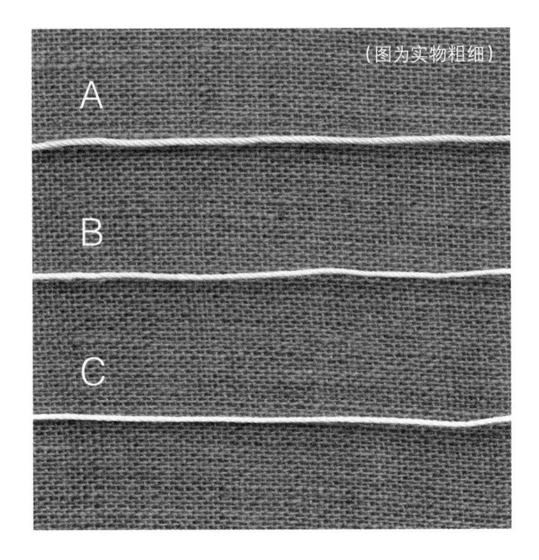

奥林巴斯制线株式会社

A Emmy Grande
棉 100% 50g/ 团 约 218m 47 色 蕾丝钩针 0 号至钩针 2/0 号
Emmy Grande<Herbs>
棉 100% 20g/ 团 约 88m 18 色 蕾丝钩针 0 号至钩针 2/0 号
Emmy Grande<Colors>
棉 100% 10g/ 团 约 44m 26 色 蕾丝钩针 0 号至钩针 2/0 号
Emmy Grande<Lame>
棉 96%、聚酯纤维 4% 25g/ 团 约 106m 8 色 蕾丝钩针 0 号至钩针 2/0 号

DMC 株式会社
B Cebelia #10
棉 100% 50g/ 团 约 270m 21 色 蕾丝钩针 2~0 号 基本色（8 色）

横田株式会社 DARUMA
C 蕾丝线 #30
棉（Supima）100% 25g/ 团 约 145m 21 色 蕾丝钩针 2~4 号

*A ~ C自左开始，依次为线材成分、质量、长度、颜色数量、适合钩针号

作品钩织要点：3 图片 p.4

花片连接方法

1 在钩织第 3 片花片的过程中连接第 1、2 片花片。钩针整段挑起第一片狗牙拉针的线环，钩织狗牙拉针的第 3 针锁针。

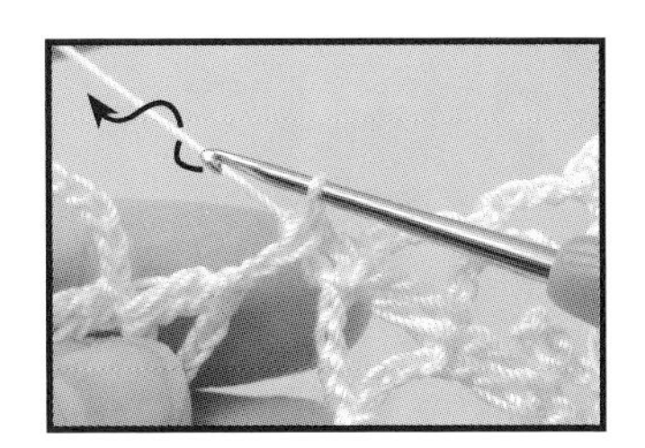

2 钩针挂线引拔。钩针挂线，钩织狗牙拉针的 2 针锁针。

3 在 2 针长针并 1 针的针目上引拔，完成狗牙拉针。

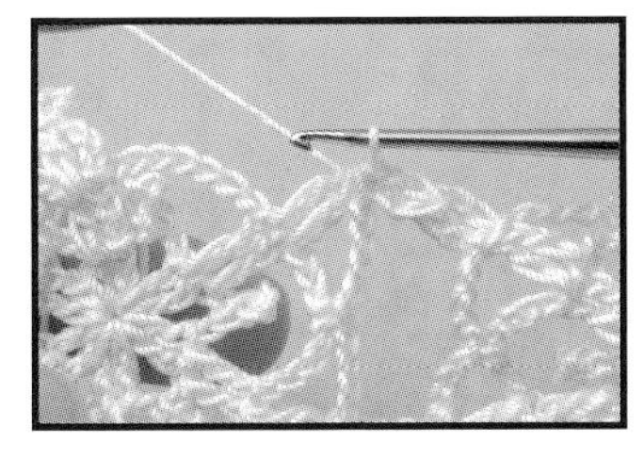

4 以同样的方法连接另一处的狗牙拉针，钩织完成剩余部分。

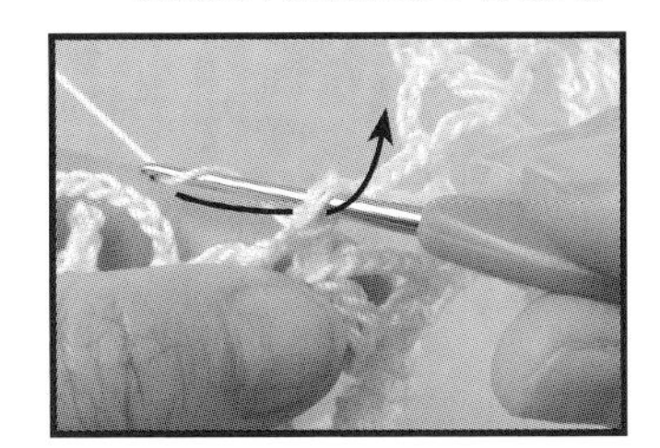

5 钩织至同时连接 3 片花片的位置，钩针插入第 2 片引拔针目的根部引拔。

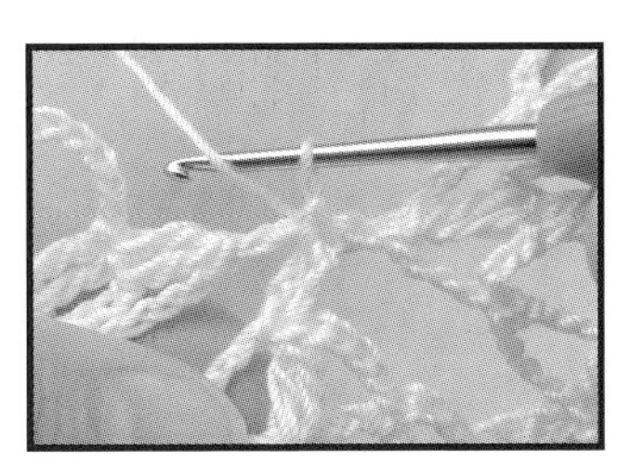

6 完成狗牙拉针，钩织剩余部分，完成花片。

7 图为 3 片花片连接完成的样子。

钩针编织基础及符号图

看编织符号图的方法

图解是织片从正面看到的样子。
在钩针钩编中没有上针和下针的区别（正、反拉针除外）。
在片织的情况下，正面和背面的图解都是相同的，两面交替朝前钩织。

表示行数　立针针目　▼＝断线　……＝图解分开的时候，使用点线标示继续钩织的图解

从中心开始钩织的圆形

中心绕线环（或是钩织锁针）起针，每一行围成圆形钩织。每一行开始时钩织立针。织物正面朝前，参照图解从中间向外侧钩织。

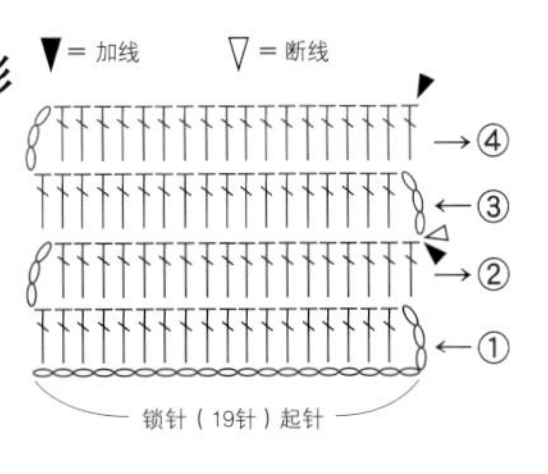

片织

片织的一个特征就是左右两侧都有立针。立针在右侧时，织物正面朝前，按照图解从右向左钩织。立针在左侧时，织物背面朝前，按照图解从左向右钩织。图示的图解中，第3行更换了配色线。

锁针针目

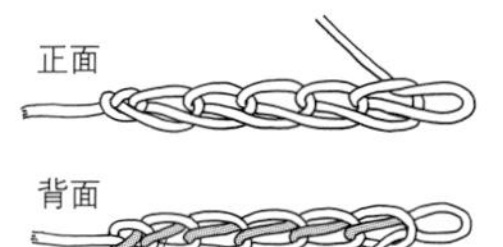

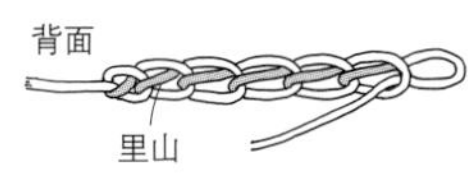

锁针的针目有正面和背面之分。背面中间的1根线叫作锁针的“里山”。

持针拿线的方法

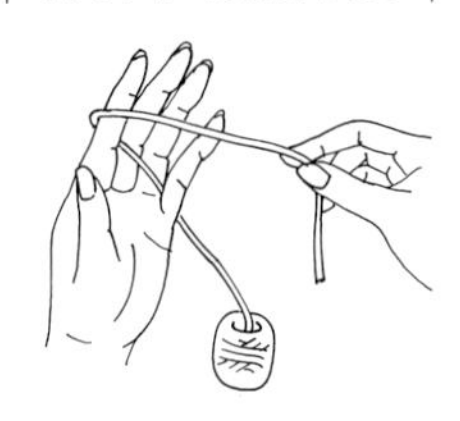

1 将线夹在左手的小指和无名指之间，向前拉出线，挂在食指上，线头置于前侧。

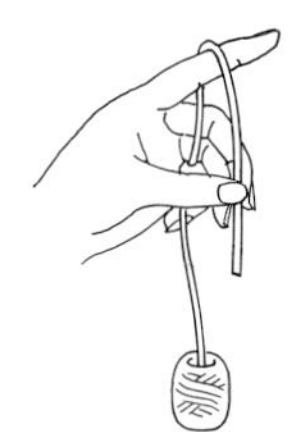

2 拇指和中指捏住线头，竖起食指将线绷紧。

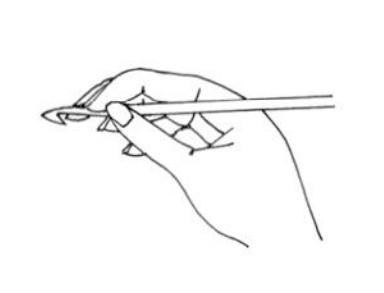

3 右手拇指和食指握住钩针，再用中指轻轻按住针头。

起始针的钩法

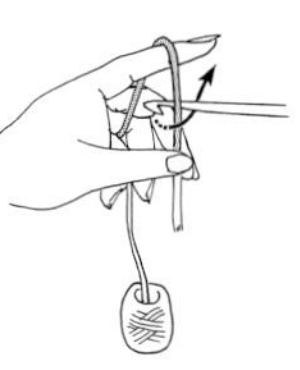

1 钩针置于线的后侧，沿着箭头方向，转动针头。

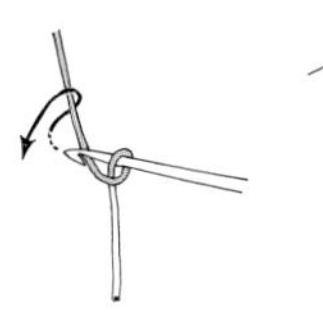

2 钩针挂线。

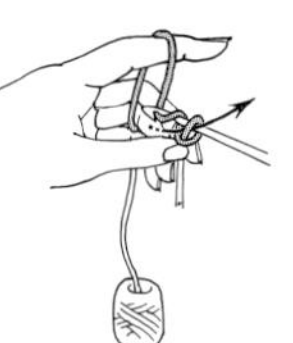

3 将线从线环中拉出。

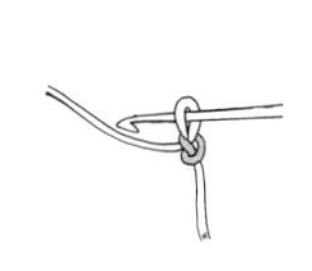

4 拉线头，抽紧线环，完成起始针（这一针不计入针数）。

起针

从中心开始钩织圆形（线头绕线环起针）

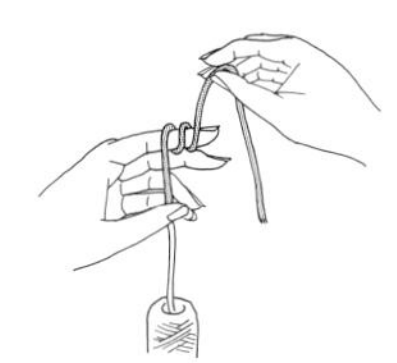

1 将线在左手的食指上绕两圈，制成线环。

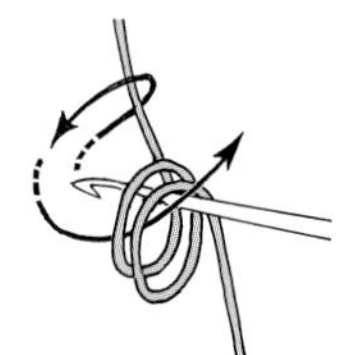

2 取下线环，用手捏住，钩针插入线环中，挂线引拔。

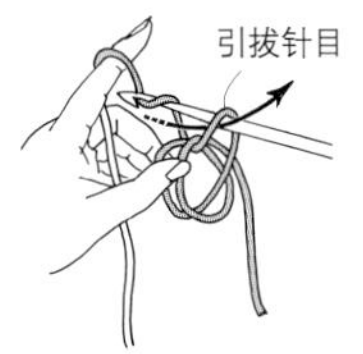

3 钩针再次挂线引拔，钩1针锁针，作为立针。

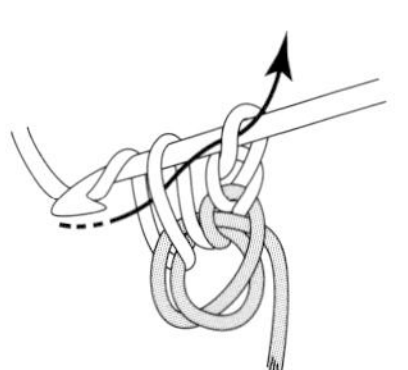

4 钩针插入线环中，钩出需要针数的短针，作为第1行。

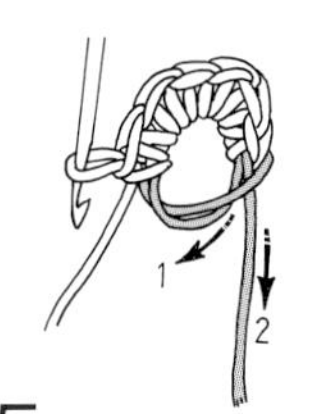

5 先退出钩针，抽拉第一个线环的线（1）和线头（2），抽紧线环。

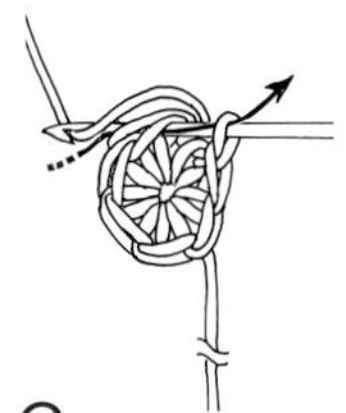

6 完成第1行，将钩针插入第1针短针针目，引拔。

环形钩织（钩织锁针围成线环）

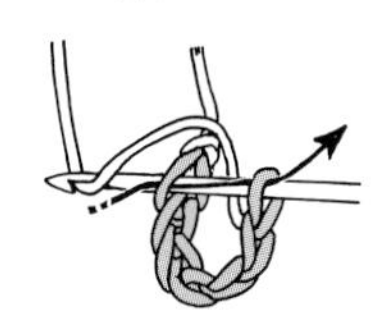

1 钩织需要针数的锁针，钩针插入第1针锁针的半针，引拔。

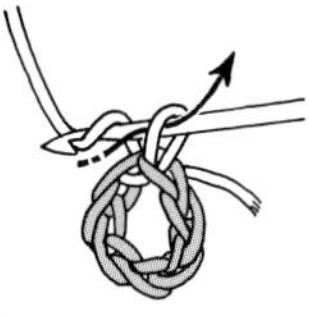

2 钩针挂线引拔。这是作为立针的锁针。

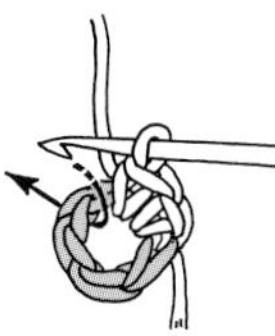

3 钩针插入线环中，在锁针上整段挑针，钩出需要针数的短针，作为第1行。

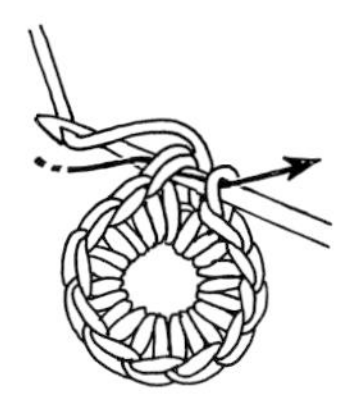

4 完成第1行，将钩针插入第1针短针针目，挂线引拔。

往返钩织（片织）

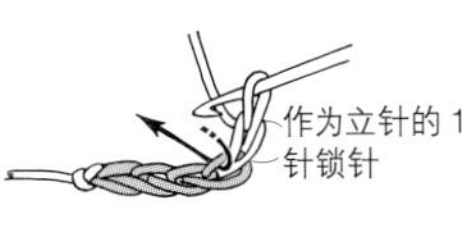

1 钩织需要针数的锁针和作为立针的锁针，钩针插入倒数第2针，挂线引拔。

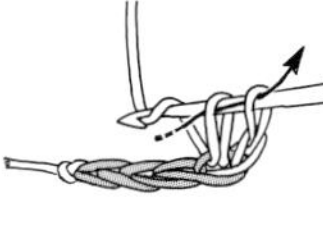

2 钩针挂线，沿着箭头方向引拔。

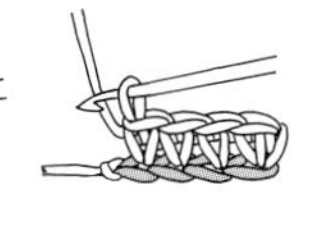

3 钩织完成第1行（立针的1针锁针不计入针数）。

在前一行针目上的挑针方法

虽然是同样的枣形针，但是根据符号的不同，挑针的方法也不同。符号下方是闭合的时候，钩针插入前一行的同一针针目，挑针钩织。符号下方是打开的时候，钩针在前一行的锁针上整段挑针钩织。

在针目上挑针钩织

1

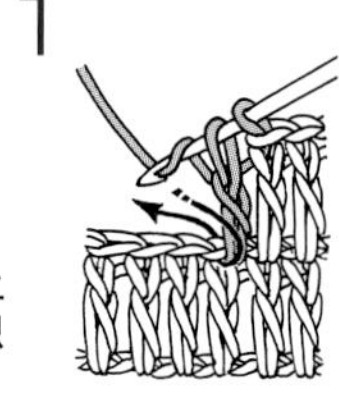

2

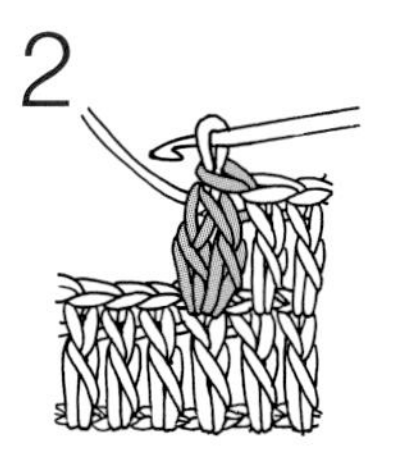

在锁针上整段挑针钩织

1

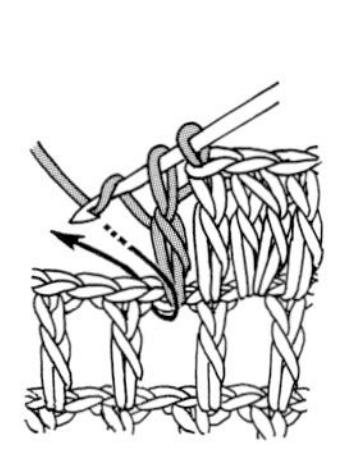

2

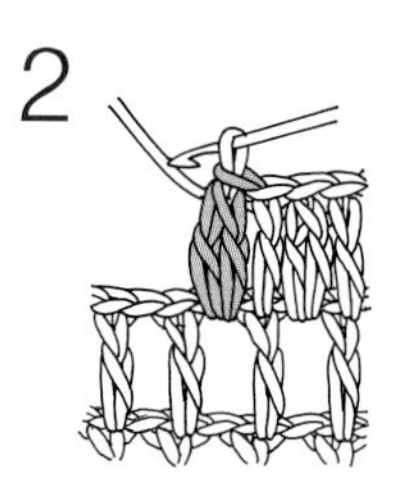

钩织针法符号

锁针

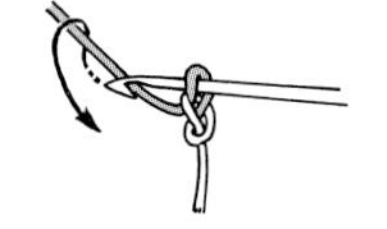

1 完成起始针，钩针挂线。

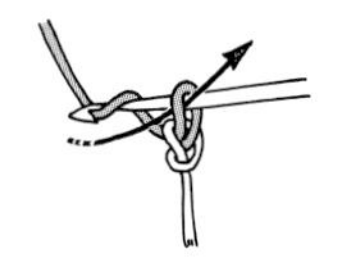

2 引拔完成锁针。

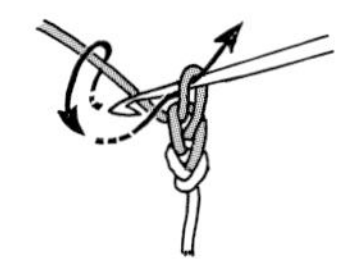

3 重复步骤 1、2，继续钩织。

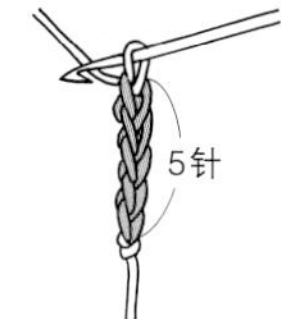

4 完成 5 针锁针。

引拔针

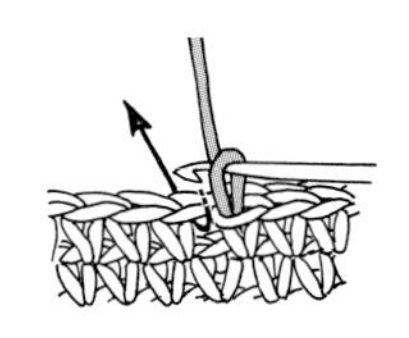

1 钩针插入前一行针目。

2 钩针挂线。

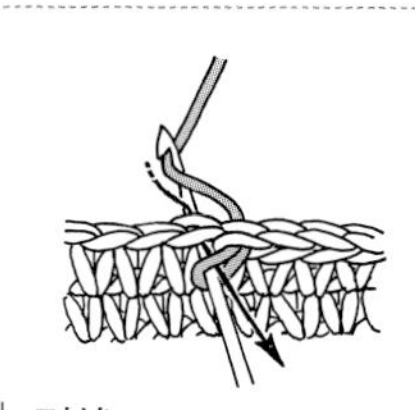

3 引拔。

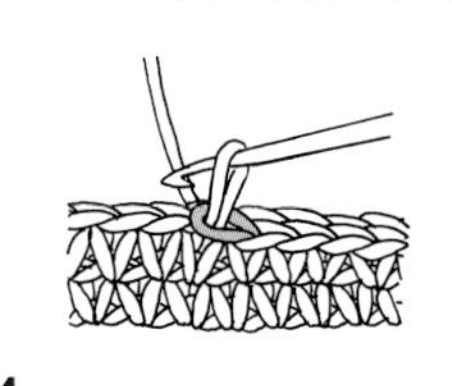

4 完成 1 针引拔针。

短针

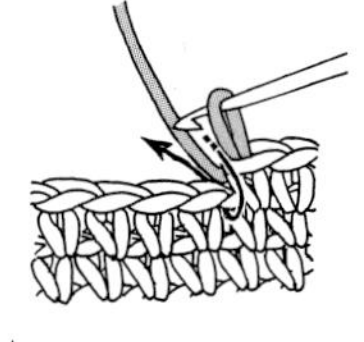

1 钩针插入前一行针目。

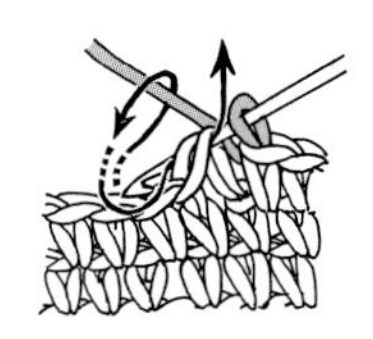

2 钩针挂线，沿箭头拉过线圈。

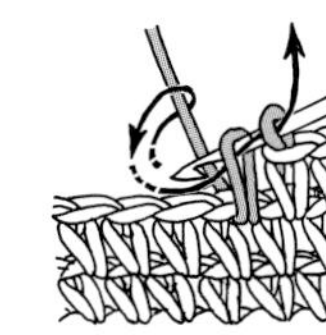

3 钩针挂线，一次钩过针上的 2 个线圈。

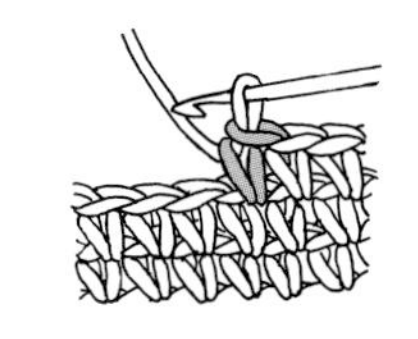

4 完成 1 针短针。

中长针

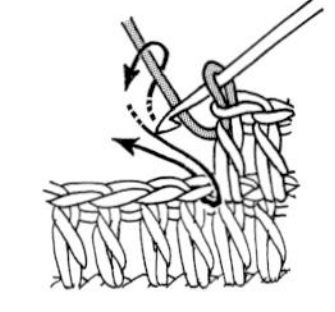

1 钩针挂线，再将钩针插入前一行针目。

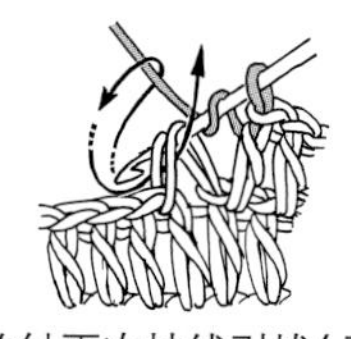

2 钩针再次挂线引拔（引拔后的状态即为未完成的中长针）。

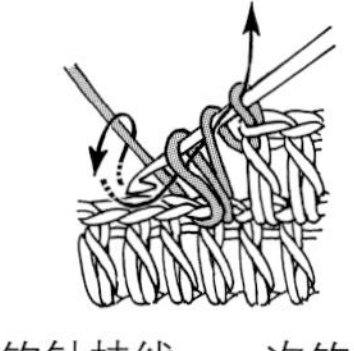

3 钩针挂线，一次钩过针上的 3 个线圈。

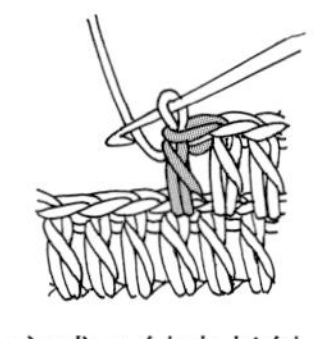

4 完成 1 针中长针。

长针

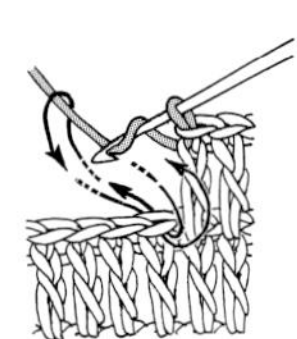

1 钩针挂线，再将钩针插入前一行针目，钩针再次挂线引拔。

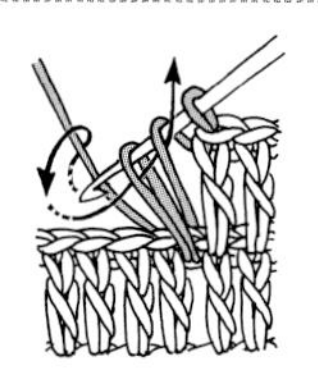

2 沿箭头方向，钩针挂线，一次钩过针上的 2 个线圈（这一状态即为未完成的长针）。

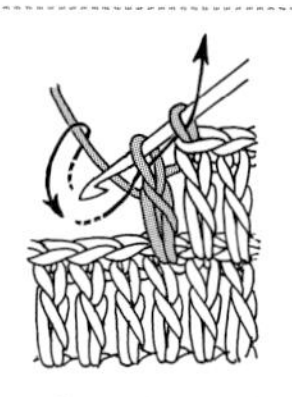

3 再一次沿箭头方向，钩针挂线，一次钩过针上剩余的 2 个线圈。

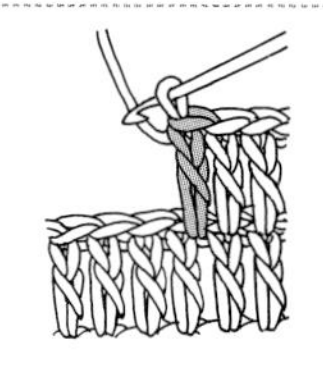

4 完成 1 针长针。

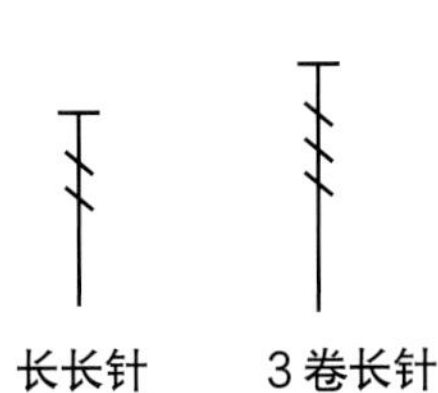

长长针　3卷长针

※（ ）中为3卷长针的圈数。
※3卷之外的圈数，以同样的方法在钩针上绕指定的圈数进行钩织。

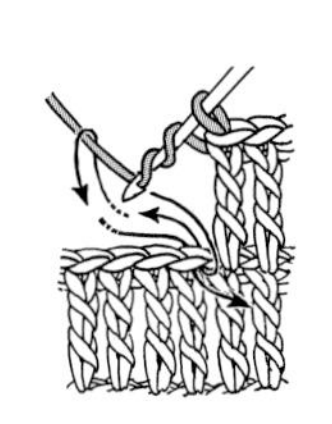
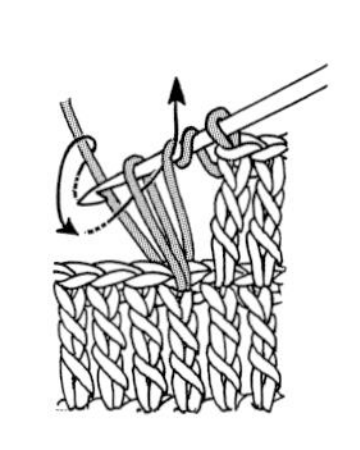
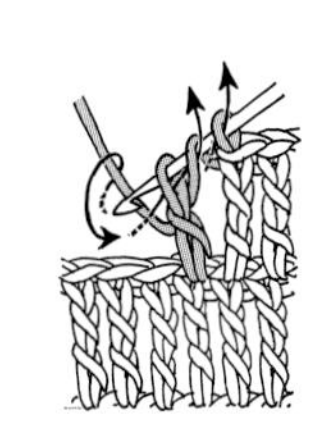

1 钩针绕线2圈（3圈），再将钩针插入前一行针目，钩针挂线引拔。

2 沿箭头方向，钩针挂线，一次钩过针上的2个线圈。

3 以步骤2同样的方法，重复2次（3次）。

4 完成1针长长针。

短针2针并1针

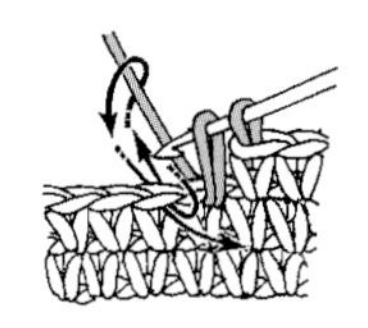
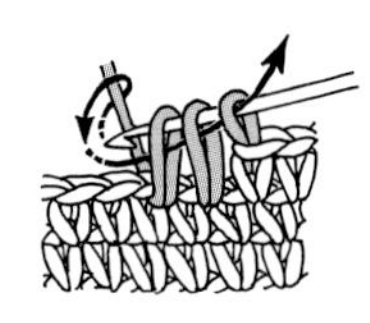
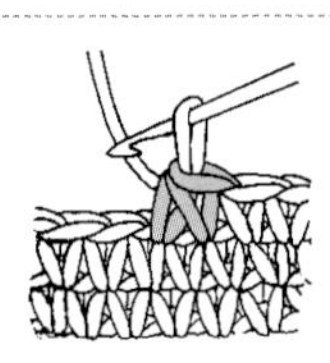

1 沿箭头方向，钩针插入前一行的1针针目，引拔拉出线圈。

2 以同样的方法，在下一针针目中引拔拉出线圈。

3 钩针挂线，一次钩过针上的3个线圈。

4 完成短针2针并1针。比前一行减少1针。

1针放2针短针

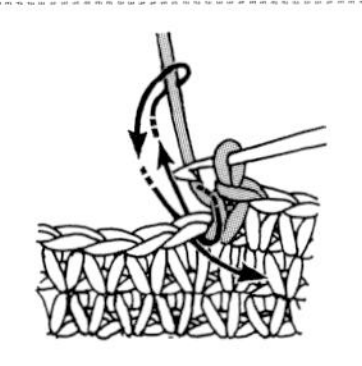
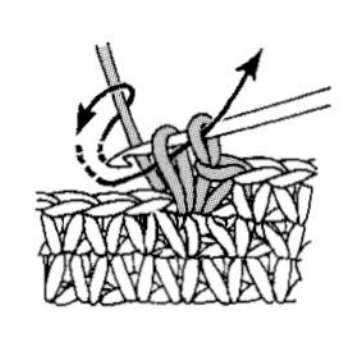
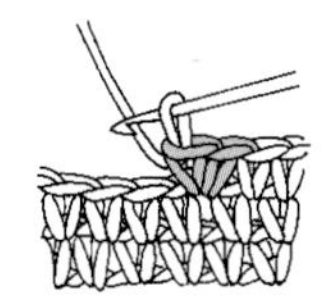

1 钩1针短针。

2 钩针再一次插入同一针目，引拔拉出线圈。

3 钩针挂线，一次钩过针上的2个线圈。

4 在前一行的1针短针中钩出2针短针。比前一行增加1针。

1针放3针短针

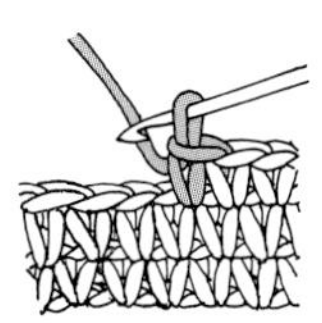

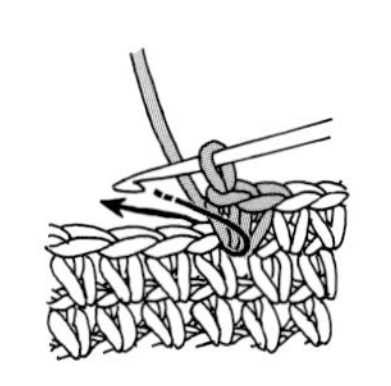
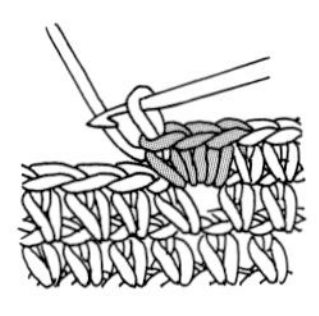

1 钩1针短针。

2 钩针插入同一针目，引拔拉出线圈，钩织第2针短针。

3 再在同一针目中钩第3针短针。

4 在前一行的1针短针中共钩出3针短针。比前一行增加2针。

3针锁针的狗牙拉针

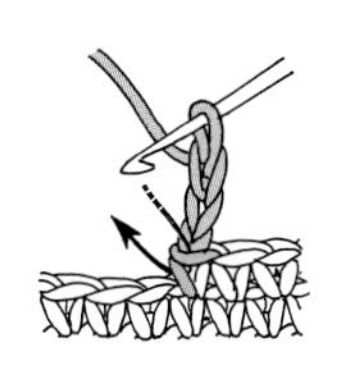
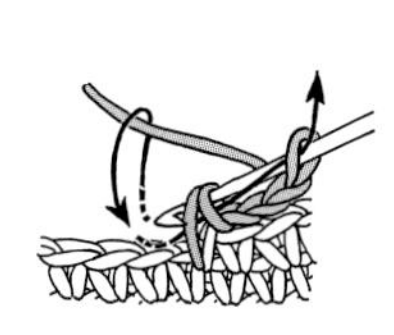
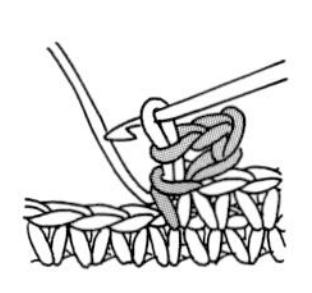

1 钩3针锁针。

2 钩针插入短针针目的半针和根部的1根。

3 钩针挂线，沿着箭头方向一起引拔。

4 完成3针锁针的狗牙拉针。

长针2针并1针　中长针2针并1针

※（　）中为中长针2针并1针的情况
※ 超出以上针数，或是除长针、中长针之外的针法，以同样的方法钩织指定的针数即可

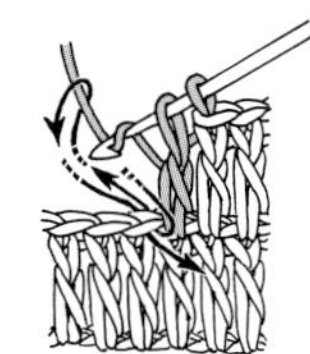

1 在前一行的针目中钩织1针未完成的长针（中长针），沿箭头方向，钩针插入下一针针目，引拔。

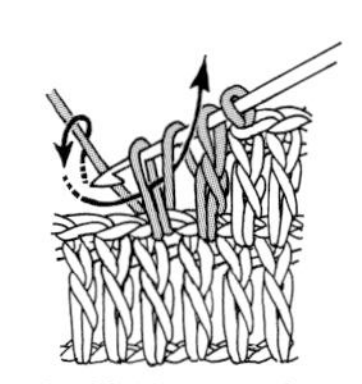

2 钩针挂线，一次钩过针上的2个线圈（中长针省去这一步），钩织第2针未完成的长针（中长针）。

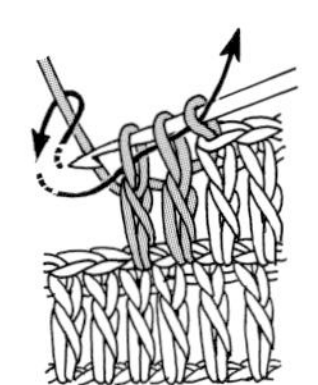

3 沿箭头方向，钩针挂线，一次钩过针上的3（5）个线圈。

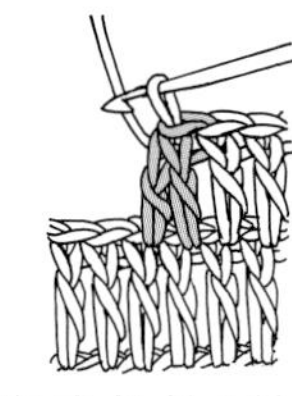

4 完成长针2针并1针（中长针2针并1针）。比前一行减少1针。

1针放2针长针

※ 超出以上针数，或者除长针之外的针法，以同样的方法钩织指定的针数即可

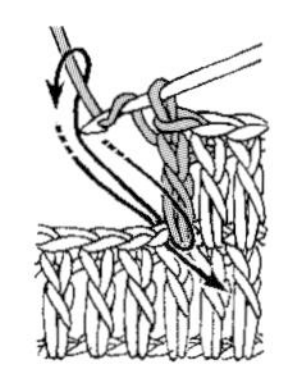

1 在钩织长针的同一针目中，再钩织1针长针。

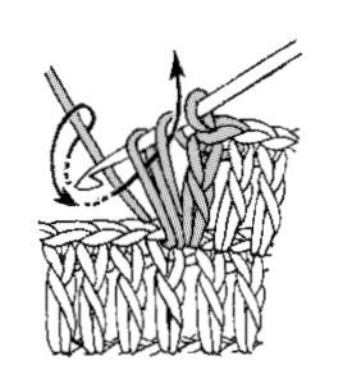

2 钩针挂线，一次钩过针上的2个线圈。

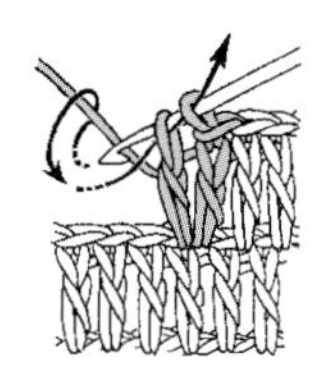

3 钩针再次挂线，一次钩过针上剩余的2个线圈。

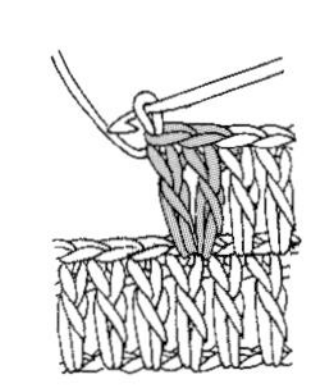

4 完成在前一行的1针针目中钩织2针长针。比前一行增加1针。

3针长针的枣形针　2针中长针的枣形针

※（　）中为2针中长针的情况
※超出以上针数，或是除长针、中长针之外的针法，以同样的方法钩织指定的针数即可

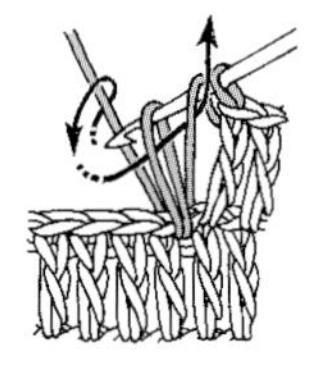

1 在前一行的针目中钩织1针未完成的长针（中长针）。

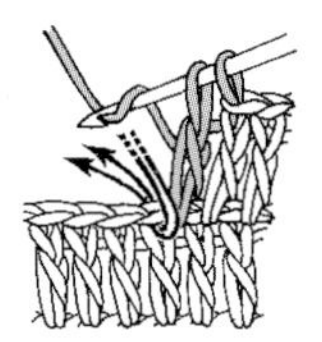

2 钩针插入同一针目，继续钩织2针（1针）未完成的长针（中长针）。

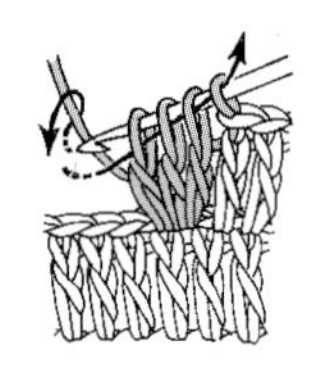

3 钩针挂线，一次钩过针上的4个线圈（5个线圈）。

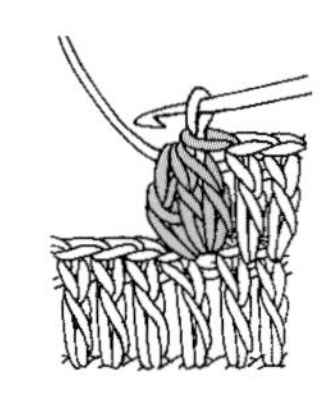

4 完成3针长针的枣形针（2针中长针的枣形针）。

变化的3针中长针的枣形针

※ 超出以上针数的变化的枣形针，以同样的方法钩织指定针数的中长针即可。以同样的方法钩织指定的针数即可

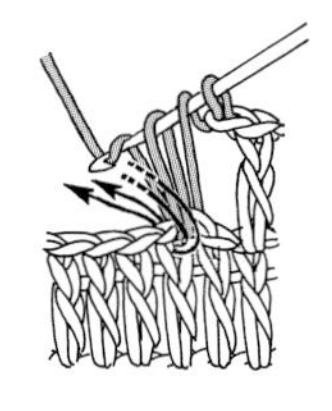

1 钩针插入前一行的针目，钩织3针未完成的中长针。

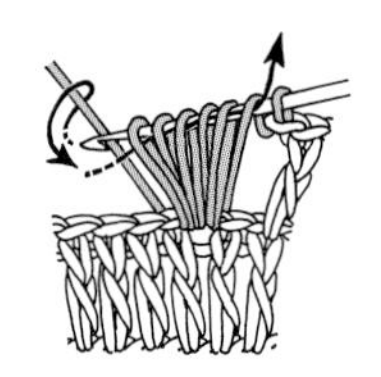

2 沿箭头方向，钩针挂线，一次钩过针上的6个线圈。

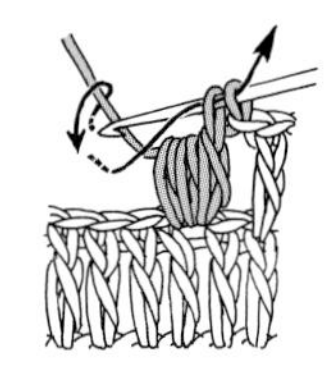

3 钩针再次挂线，一次钩过针上剩余的线圈。

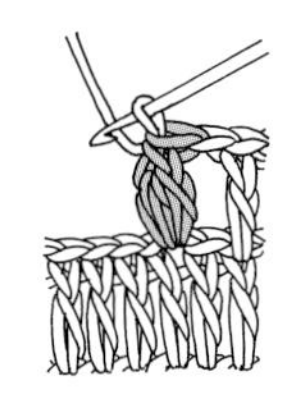

4 完成变化的3针中长针的枣形针。

5针长针的爆米花针

※ 超出以上针数的爆米花针，以同样的方法钩织指定针数的长针即可

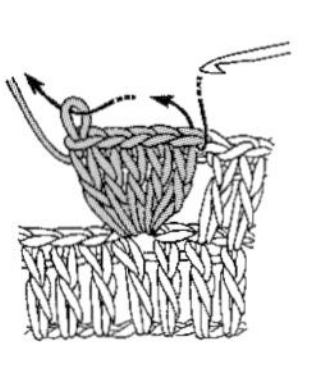

1 在前一行的同一针目中钩织5针长针，退出钩针，沿箭头方向插入。

2 沿箭头方向，引拔钩针上的针目。

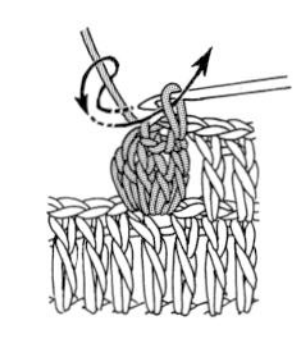

3 再钩1针锁针，拉紧。

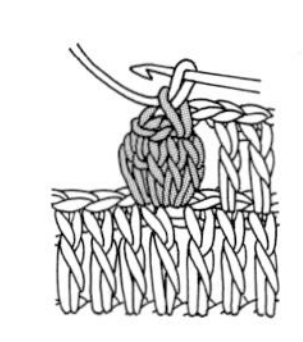

4 完成5针长针的爆米花针。

短针条纹针　引拔针条纹针

※ 每一行都沿同一方向钩织条纹针
※ (　) 中为引拔针条纹针的情况
※ 除短针之外针法的条纹针，以同样的方法，挑前一行针目的上半针，钩织指定针法即可

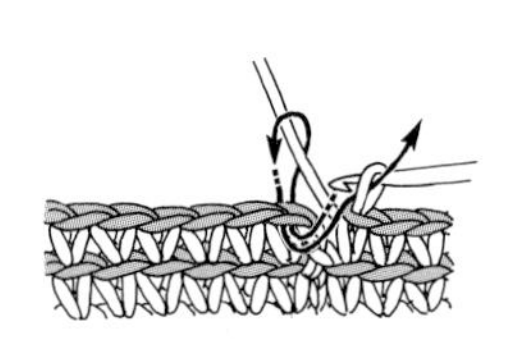

1 正面朝前钩织每一行。钩织一圈短针，在第 1 针上引拔。

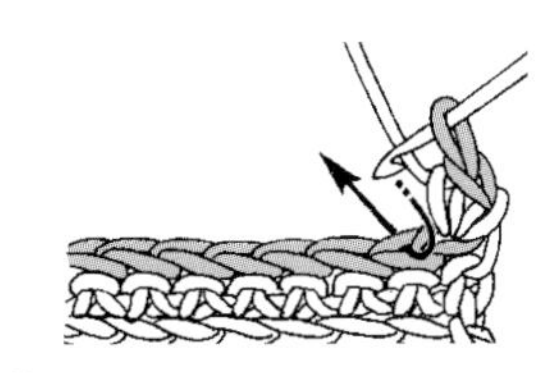

2 钩 1 针锁针作为立针（不需要钩织锁针作为立针），挑前一行针目的上半针，钩织短针（引拔针）。

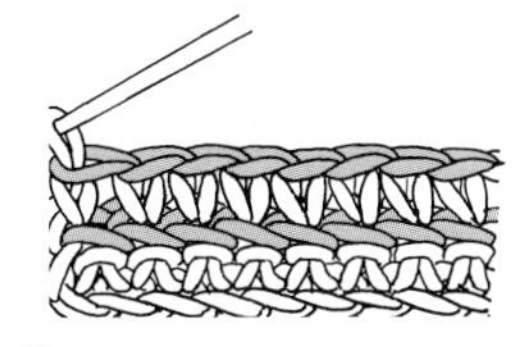

3 以同样的方法重复步骤 2，继续钩织短针（引拔针）。

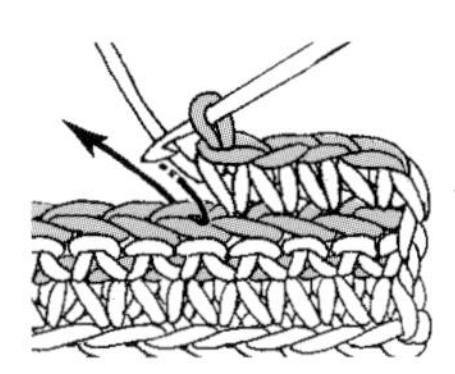

4 留出前一行的下半针形成条纹。图为钩织短针条纹针至第 3 行。

短针棱针

※ 每一行翻转织物，钩织短针棱针

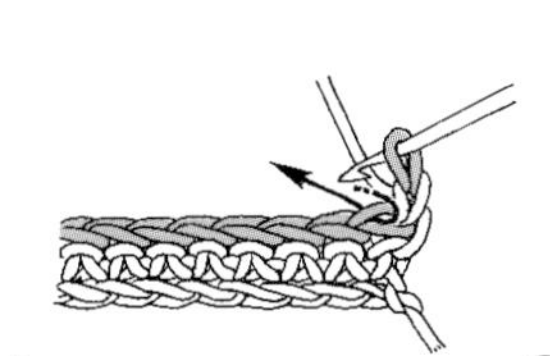

1 钩针沿箭头方向插入前一行针目的上半针。

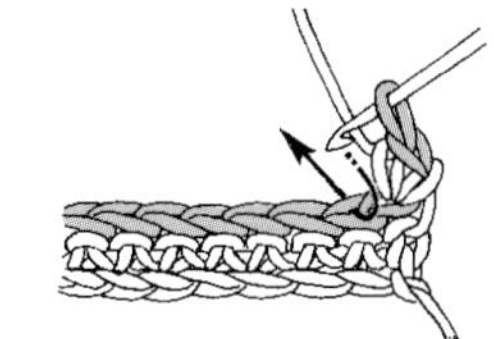

2 钩织短针，以同样的方法，钩针插入下一针针目的上半针。

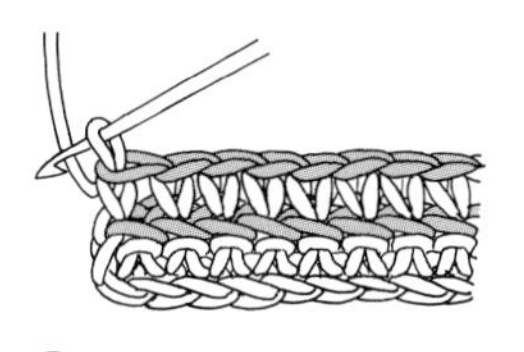

3 钩织至一侧边端，翻转织物。

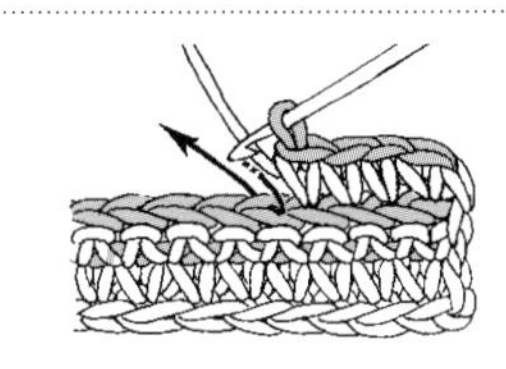

4 以步骤 1、2 同样的方法，钩针插入针目的上半针，钩织短针。

短针正拉针

※ 由于图解全部表示为正面看到的样子，所以在往返钩织织物背面朝前时，需要钩织“反拉针”

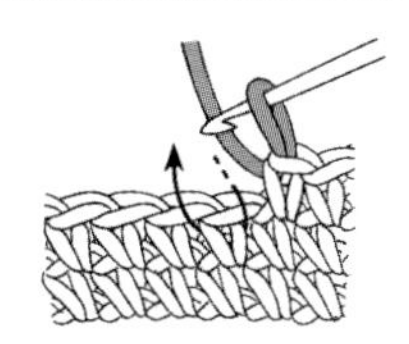

1 沿箭头方向，钩针插入前一行短针的根部。

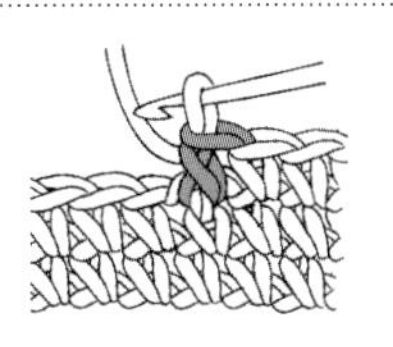

2 钩针挂线，引拔出比钩织短针时略长一些的线圈。

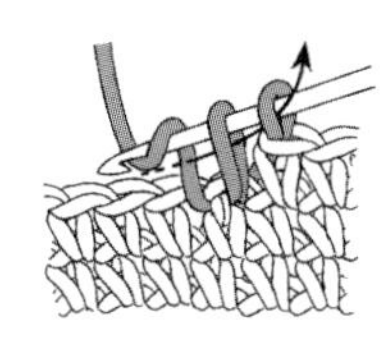

3 钩针再一次挂线，一次钩过针上的 2 个线圈。

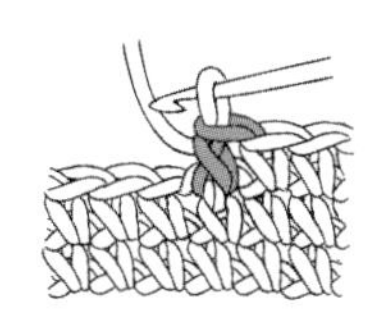

4 完成 1 针短针正拉针。

短针反拉针

※由于图解全部表示为正面看到的样子，所以在往返钩织织物背面朝前时，需要钩织“正拉针”

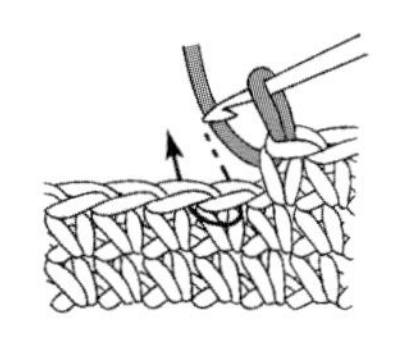

1 沿箭头方向，钩针从织物背面插入前一行短针的根部。

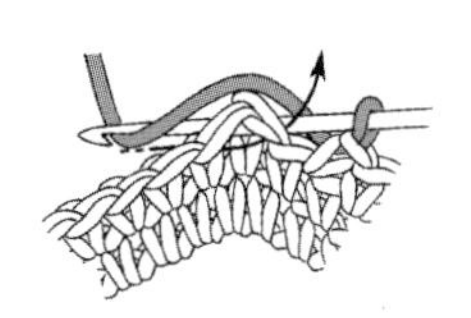

2 钩针挂线，沿箭头方向引拔至织物背面。

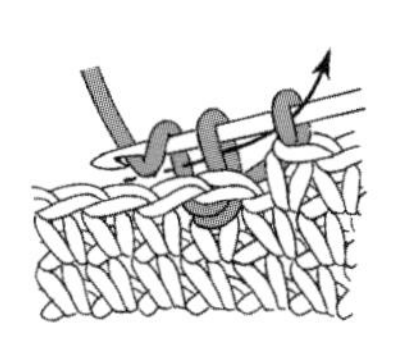

3 引拔出比钩织短针时略长一些的线圈，钩针再一次挂线，一次钩过针上的 2 个线圈。

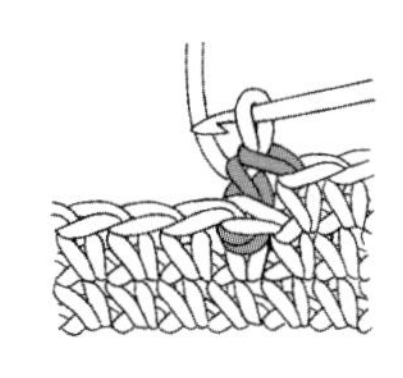

4 完成 1 针短针反拉针。

基础知识索引

图书在版编目（CIP）数据

典藏版蕾丝大全集143款/日本E&G创意编著；项晓笈译. —郑州：河南科学技术出版社，2023.10（2024.3重印）
ISBN 978-7-5725-1307-7

Ⅰ. ①典… Ⅱ. ①日… ②项… Ⅲ. ①钩针-编织-图集 Ⅳ. ①TS935.521-64

中国国家版本馆CIP数据核字（2023）第170675号

出版发行：河南科学技术出版社
地址：郑州市郑东新区祥盛街27号 邮编：450016
电话：（0371）65737028 65788613
网址：www.hnstp.cn
策划编辑：梁莹莹
责任编辑：梁莹莹
责任校对：耿宝文
封面设计：张 伟
责任印制：张艳芳
印 刷：河南瑞之光印刷股份有限公司
经 销：全国新华书店
开 本：889 mm× 1 194 mm 1/16 印张：10 字数：320千字
版 次：2023年10月第1版 2024年3月第2次印刷
定 价：78.00元

如发现印、装质量问题，影响阅读，请与出版社联系并调换。